MySQL 数据库项目化教程（活页式）

主　编　王　彬　邢如意　王观英
副主编　孙其法　郭顺文　张娜娜

北京理工大学出版社
BEIJING INSTITUTE OF TECHNOLOGY PRESS

内容简介

本书在内容选取及组织上以学生中心、以岗位职业能力为目标、以实用性为原则、以贯穿项目为载体，通过设计的6个项目对“农产品网上商城数据库”进行建模分析、创建数据库及数据表、管理数据、查询数据、索引与视图的应用、触发器的应用、存储过程与函数的应用等。每个项目采取任务驱动方式实施，通过设计的“任务目标、任务描述、知识准备、任务实施、任务拓展、任务巩固、任务评价”7个步骤开展教学，让学生能够明确任务中涉及知识点是什么、为什么用、如何使用及何时使用。

本书采用活页式装订，可方便将最新数据库技术融入教材中，体现了教材内容的“活”。教材内容在设计上突出易用性和实践性，将每个任务的实施部分设计为让学生填写实操练习结果，加强学生在课堂中的参与度，便于教师检查课堂进度。在任务拓展部分融入思政元素、前沿技术及应用技巧等，做到简、实、精、新。

本书可以作为计算机及相关专业数据库管理课程的教材，也可以作为数据库技术初学者的参考用书。

图书在版编目(CIP)数据

MySQL数据库项目化教程：活页式／王彬，邢如意，王观英主编. -- 北京：北京理工大学出版社，2024.1

ISBN 978-7-5763-2771-7

Ⅰ.①M… Ⅱ.①王… ②邢… ③王… Ⅲ.①SQL语言-数据库管理系统-高等职业教育-教材 Ⅳ.①TP311.132.3

中国国家版本馆CIP数据核字(2023)第155680号

责任编辑：王玲玲　　**文案编辑**：王玲玲
责任校对：刘亚男　　**责任印制**：施胜娟

出版发行／北京理工大学出版社有限责任公司
社　　址／北京市丰台区四合庄路6号
邮　　编／100070
电　　话／(010) 68914026（教材售后服务热线）
(010) 68944437（课件资源服务热线）
网　　址／http://www.bitpress.com.cn

版 印 次／2024年1月第1版第1次印刷
印　　刷／河北盛世彩捷印刷有限公司
开　　本／787 mm×1092 mm　1/16
印　　张／14
字　　数／302千字
定　　价／53.80元

前言

欢迎您翻开这本全面而实用的教材!

在当今信息时代，数据是企业成功的关键因素之一。MySQL 作为一款开源的关系型数据库管理系统，一直以其高性能、稳定可靠和广泛的应用性而备受业界推崇。MySQL 以高可靠性、出色的性能和灵活性，成为众多企业和开发者的首选。无论是小型创业公司还是大型企业，MySQL 支持从小规模应用到大型数据仓库的各种需求，其开源的特性也使其在开发社区中备受欢迎，MySQL 为各种规模的项目提供了经济高效的解决方案。

MySQL 广泛应用于各个领域，包括但不限于：

➢ Web 应用程序：作为后端数据库，支持网站和应用程序的数据存储和检索。

➢ 企业级应用：用于管理企业内部的各种数据，包括客户信息、销售数据、人力资源等。

➢ 云计算环境：在云服务提供商的环境中，MySQL 被广泛用于构建弹性和可扩展的数据库架构。

➢ 移动应用：通过轻量级的配置，MySQL 为移动应用提供了可靠的数据存储解决方案。

➢ 大数据分析：MySQL 可以与大数据平台集成，为复杂的数据分析提供支持。

学习本教材将带给您什么?

➢ 深入了解数据库基础概念：我们将从数据库的基础开始，介绍关键概念，帮助您建立对数据库系统的清晰认识。

➢ 实际操作数据库：通过实例和练习，更好地理解各种数据库操作。

➢ SQL 查询语言：学习 SQL 是数据库领域的关键一步。教材将深入浅出地介绍 SQL 查询语言的各个方面，使您能够熟练地进行数据检索和操作。

➢ 性能优化和安全性：了解如何优化数据库性能是每个数据库专业人员的必备技能，我们将分享一系列优化和安全性方面的最佳实践。

➢ 实际应用场景：通过实际的应用场景，您将学会如何在真实项目中应用所学的知识，将理论转化为实际成果。

本书在内容选取及组织上，以学生为中心、以岗位职业能力为目标、以实用性为原则、以贯穿项目为载体，通过设计的 6 个项目对“农产品网上商城数据库”进行建模分析、创建数据库及数据表、管理数据、查询数据、应用索引与视图、应用触发器、应用存储过程与函数等。每个项目采取任务驱动方式实施，通过所设计的“任务目标、任务描述、知识准备、任务实施、任务拓展、任务巩固、任务评价”7 个步骤进行实施，让学生能够明确任务中涉及的知识点是什么、为什么用、如何使用及何时使用。

本书采用活页式装订，可方便将最新数据库技术融入教材中，体现了教材内容的“活”。教材内容在设计上突出易用性和实践性，将每个任务的实施部分设计为让学生填写实操练习结果，加强学生在课堂中的参与度，便于教师检查课堂进度。在任务拓展部分融入思政元素、前沿技术及应用技巧等，做到简、实、精、新。

本教材的内容共分为 6 个项目，各项目的主要内容为：

项目一：数据库基础。介绍了数据库的基本概念、MySQL 的安装和配置、MySQL 客户端工具的使用、数据库设计实战。

项目二：管理数据库。介绍了数据库的创建与管理、数据库的备份与恢复、用户与权限管理。

项目三：管理数据表。介绍数据表的创建与管理，分别从 SQL 语句和可视化操作方式进行讲解。

项目四：查询数据。分别从简单查询、筛选查询、MySQL 函数、数据分组与排序、连接查询、子查询等多个方面循序渐进地讲解 SQL 语句的编写。

项目五：管理数据。介绍数据插入、更新和删除的 SQL 语句的编写。

项目六：数据库开发进阶。探讨数据库性能优化、索引的设计和使用、视图的原理与应用、触发器、存储过程与函数的编写等高级应用场景处理。

通过学习本教材，相信您将具备扎实的 MySQL 数据库技能，能够更自信、更高效地应对数据库设计、管理和优化的各个方面。感谢您选择我们的教材，希望您在这个学习的旅程中收获满满，将所学知识转化为实际能力，为职业发展打下坚实的基础。

祝愿您在 MySQL 数据库的世界里畅行无阻！

由于作者水平有限，书中难免有不当之处，恳请广大读者批评指正。

编　者

目录

项目一　数据库基础 …… 1
任务一　理解数据库概念 …… 1
【任务目标】 …… 1
【任务描述】 …… 2
【知识准备】 …… 3
【任务实施】 …… 7
【任务拓展】 …… 9
【任务评价】 …… 10
任务二　掌握 MySQL 安装与配置 …… 12
【任务目标】 …… 12
【任务描述】 …… 12
【知识准备】 …… 12
【任务实施】 …… 21
【任务拓展】 …… 22
【任务巩固】 …… 24
【任务评价】 …… 24
任务三　MySQL 客户端工具的使用 …… 26
【任务目标】 …… 26
【任务描述】 …… 26
【知识准备】 …… 26
【任务实施】 …… 36
【任务拓展】 …… 38
【任务评价】 …… 42
任务四　数据库设计实战 …… 43

【任务目标】 …… 43
【任务描述】 …… 43
【知识准备】 …… 43
【任务实施】 …… 47
【任务实施】 …… 57
【任务拓展】 …… 57
【任务思政】 …… 58
【任务评价】 …… 59
【任务巩固】 …… 60
项目二　管理数据库 …… 62
任务一　创建数据库 …… 62
【任务目标】 …… 62
【任务描述】 …… 62
【知识准备】 …… 63
【任务实施】 …… 68
【任务拓展】 …… 69
【任务评价】 …… 70
任务二　数据库备份与恢复 …… 71
【任务目标】 …… 71
【任务描述】 …… 71
【知识准备】 …… 71
【任务实施】 …… 75
【任务评价】 …… 77
任务三　用户与权限管理 …… 78
【任务目标】 …… 78
【任务描述】 …… 78
【知识准备】 …… 78
【任务实施】 …… 84
【任务评价】 …… 86
【任务拓展】 …… 87
项目三　管理数据表 …… 88
任务一　创建数据表 …… 88
【任务目标】 …… 88
【任务描述】 …… 88
【知识准备】 …… 93

【任务实施】 …… 104
【任务拓展】 …… 105
【任务评价】 …… 106
任务二 管理数据表 …… 108
【任务目标】 …… 108
【任务描述】 …… 108
【知识准备】 …… 109
【任务实施】 …… 111
【任务拓展】 …… 112
【任务评价】 …… 113
项目四 查询数据 …… 115
任务一 简单查询 …… 115
【任务目标】 …… 115
【任务描述】 …… 115
【知识准备】 …… 116
【任务实施】 …… 120
【任务拓展】 …… 121
【任务评价】 …… 123
任务二 筛选查询 …… 124
【任务目标】 …… 124
【任务描述】 …… 124
【知识准备】 …… 124
【任务实施】 …… 127
【任务拓展】 …… 129
【任务评价】 …… 131
任务三 MySQL 函数 …… 133
【任务目标】 …… 133
【任务描述】 …… 133
【知识准备】 …… 133
【任务实施】 …… 139
【任务评价】 …… 140
任务四 数据分组与排序 …… 142
【任务目标】 …… 142
【任务描述】 …… 142
【知识准备】 …… 142

【任务实施】 145
【任务评价】 150
任务五 连接查询 151
【任务目标】 151
【任务描述】 151
【知识准备】 151
【任务实施】 155
【任务评价】 157
任务六 子查询 159
【任务目标】 159
【任务描述】 159
【知识准备】 159
【任务实施】 163
【任务评价】 167
项目五 管理数据 168
任务一 插入数据 168
【任务目标】 168
【任务描述】 168
【知识准备】 169
【任务实施】 174
【任务评价】 176
任务二 更新与删除数据 177
【任务目标】 177
【任务描述】 177
【知识准备】 177
【任务实施】 180
【任务评价】 180
项目六 数据库开发进阶 182
任务一 使用索引优化查询效率 182
【任务目标】 182
【任务描述】 182
【知识准备】 183
【任务实施】 187
【任务评价】 188
【任务拓展】 189

任务二　理解特殊的虚拟表——视图 …… 191
【任务目标】 …… 191
【任务描述】 …… 191
【知识准备】 …… 191
【任务实施】 …… 194
【任务评价】 …… 196
【任务拓展】 …… 197
任务三　编写触发器完成自动化操作 …… 198
【任务目标】 …… 198
【任务描述】 …… 198
【知识准备】 …… 198
【任务实施】 …… 201
【任务拓展】 …… 202
【任务评价】 …… 202
任务四　使用存储过程与函数实现高效数据处理 …… 204
【任务目标】 …… 204
【任务描述】 …… 204
【知识准备】 …… 204
【任务实施】 …… 207
【任务评价】 …… 210

项目一

数据库基础

项目背景

数据库是信息系统中核心组成部分之一，也是当前云计算、人工智能应用中的重要基础设施，可以说任何管理信息系统和网络应用都离不开数据库。数据库是数据的集合，数据库相关理论与技术解决了信息系统中数据如何结构化和有组织地存储，以方便对数据进行高效检索与管理。学习和应用数据库技术的重要性还体现在以下几个方面：

1. 数据是企业的核心资产。无论是企业、政府机构还是个人，数据都是最关键的、最重要的资源。学习数据库管理可以帮助企业有效地组织和管理数据，确保数据的可靠性、完整性和安全性。

2. 保证数据的一致性和准确性。在数据库管理系统中，通过定义数据模型、约束和规范，可以确保数据按照预期的方式进行存储和操作，可以避免数据冗余、不一致和错误，提供可靠的信息基础。

3. 保护数据安全。数据库管理系统中提供了访问控制、加密和备份等功能，可以保护敏感数据免受未经授权的访问、修改、丢失或损坏。

4. 支撑决策和业务发展。数据库管理系统能够提取、分析和利用数据来支持决策制定和业务优化，企业能够根据数据分析结果做出决策，从而推动业务发展。

学习数据库技术可以帮助学习者训练、培养和构建数据思维。数据思维是指基于数据来发现问题、思考事物的思维模式。数据思维也是量化思维和创新思维。量化是数据化的核心，所有业务都可以使用数据进行量化描述；将数据看作一种资源，通过数据采集、融合、重组可以帮助企业构建数据模型、创新业务模式，发现数据背后隐藏的价值。

以上简要介绍了学习和使用数据库的重要性。本项目将介绍数据库相关理论与概念，让你能够独立安装 MySQL 服务、掌握 MySQL 客户端工具的使用，最后进行数据库设计实战。

任务一 理解数据库概念

【任务目标】

1. 理解数据与数据库的概念。
2. 理解数据库管理系统的概念。
3. 能够结合生活场景列举数据库相关案例。

【任务描述】

千里之行，始于足下。学习计算机技术是一个积累的过程，在这个过程中要一步一个脚印地完成。学习 MySQL 数据库技术有几个重要的“里程碑”，分别是：

1. 里程碑 1

掌握 MySQL 安装与配置。完成此里程碑，你已经了解了数据库基本概念、掌握 MySQL 安装与基本配置，并能够在本地完成 MySQL 搭建，为后续内容学习准备操作环境。

2. 里程碑 2

掌握数据库管理。完成此里程碑，你已经掌握了数据库的创建与管理，开始学习和了解 SQL 语句，能够编写 SQL 语句完成数据库的管理，并了解数据库的结构与数据文件特征。

3. 里程碑 3

掌握数据表管理。完成此里程碑，你已经掌握了数据表的创建与管理，理解了 MySQL 数据类型，能够编写 SQL 脚本完成表的管理操作，理解了关系数据库中重要概念：主键、外键、约束等，能够进行基本的数据库分析与设计。

4. 里程碑 4

掌握数据查询操作。完成此里程碑，你已经掌握了 MySQL 中最重要的知识模块，查询语句是数据库开发应用中使用最频繁的知识点，同时也是最复杂的 SQL 结构。学习此部分内容就像爬山，过程是辛苦（困难）的，但到达山顶（学完）后，你才能看到更美丽的风景。

5. 里程碑 5

掌握数据更新操作。完成此里程碑，你已经掌握了插入数据、更新数据和删除数据相关操作 SQL 语句，结合之前学过的数据查询知识点，已经具备初步的数据库开发能力，能够完成数据库分析、设计和开发的基本任务。

6. 里程碑 6

掌握数据库开发高级知识。到达此里程碑，说明你已经掌握了 MySQL 的基本开发和应用能力，后续知识点将根据职位方向不同，分为面向数据库开发和数据库管理两大部分。数据库开发知识点包括索引、视图、触发器、存储过程与存储函数、性能优化等。数据库开发并不是一个工作岗位，其是软件开发工程师、软件售后工程师等岗位必备的技能之一。

7. 里程碑 7

掌握数据库管理高级知识。数据库管理是整个数据库知识技能学习中最难的部分，也是要求最高的。从事数据库管理工作，不仅要掌握数据库开发相关技能，同时还要学习 MySQL 数据备份与恢复、MySQL 日志、存储引擎、表分区、MySQL 主从复制、MySQL 读写分离、集群等知识点。当然，付出总会有回报，从事数据库管理工作的 DBA（数据库管理员），其薪资也是随着工作经验的积累在不断提高。

通过以上里程碑的介绍，相信你已经对 MySQL 数据库技术和相关工作职位有了一定认识。下面就开始第一个任务的学习吧。

本任务需要你理解数据库相关基础概念，包括数据库、数据库管理系统、数据库系统等。理解这些概念的最好方式是结合生活场景和案例，数据库中的概念都可以在生活中找到对应的参考案例，需要你对照理解与记忆。

在学习过程中，与小组内同学进行充分讨论，能够激发想象力和发散思维，在小组内开展头脑风暴，能够让你的学习过程更加有趣，赶快行动吧。

学习完本任务，你能够回答以下问题：

①什么是数据？

②什么是数据库？

③什么是数据库管理系统？

④什么是数据库系统？

⑤什么是关系？

⑥列举一个生活案例，能够综合阐述上述数据库概念。

【知识准备】

一、数据（Data）的概念

数据是一种描述现实世界中事物的符号。例如，当每天早晨起床后，我们会查看当天的天气温度（数字类型的数据）、天气状况（文本类型的数据），会浏览当天的新闻资讯（资讯中包括图片、文本、视频等类型的数据）。以上案例中所描述的内容都是数据，只不过它们的类型不同。数据无处不在，我们每天都在生产数据，也在使用数据，我们既是数据的生产者，也是数据的消费者。

数据可以被描述表示、记录、存储与处理。例如，每个人都有姓名、年龄、身高、体重等数据，学生和职员还具有学号、员工编号等数据。这些数据都具有特定含义，不同的数据，其类型也不尽相同。图 1-1 展示了程序员小 Z 的数据。数据不仅是数字，还可以是文本、图像、音视频等。为了更好地理解和分析数据，数据应划分为不同类型，不同类型的数据在结构及存储方式上具有不同特点。

图 1-1　生活中的数据

数据作为符号，只是一串数字、字母或图片等，数据本身没有任何意义，只有经过加工处理后才能变成有用的信息。信息是对某个事物、事件或概念的描述，信息来自数据，其抽取了某一事物中典型数据，以实现对事物的概括性描述。例如，描述图书信息，其包括的数据有书名、作者、出版社、价格等。我们每天都在获取大量信息，例如，浏览新闻、阅读图书等。通过对大量信息的深入思考、推导和建立联系等深层次的操作后，信息被总结和提炼为知识，基于知识的理解与运用，从而做出决策。因此，数据是信息的基础，信息是知识的基础。数据通过加工和解释成为信息，信息经过更高层次的理解与抽象后形成知识，知识可以帮助我们理解世界、解决问题和指导决策。

从计算机角度来看，数据被理解为可以被计算机存储和传输的字节序列。虽然计算机底层采用二进制存储，但二进制通常不用来直接表示数据，而采用更加简短的十六进制。例如，一张照片被存储在电脑的磁盘中，虽然类型上是一个图片格式的数据文件，但本质上存储和传输的是字节序列，如图 1-2 所示。

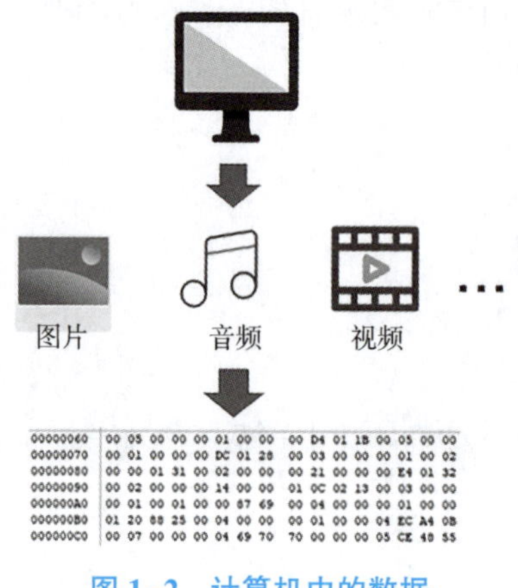

图 1-2　计算机中的数据

二、数据库（Database）的概念

我们每天都在创造数据、获取和使用数据，我们既是数据的生产者，也是数据的消费者。那么数据存储在什么地方呢？答案就是：数据库。数据库一词在日常生活中也经常出现和应用。

当打开手机上的听歌软件时，我们会把喜欢的歌曲收藏至歌单中，那么歌单就是歌曲的“数据库”。当打开手机上的购物软件时，我们会把希望购买的商品加入购物车，购物车就是商品的“数据库”。当在超市购物时，我们会将要买的物品放在手推车中，手推车即为商品的“数据库”。图 1-3 展示了日常生活中数据库的案例——购物车。

图 1-3　日常生活中数据库案例——购物车

数据库的发展经历了人工管理阶段、文件系统阶段、数据库系统阶段。在数据库系统阶段，根据数据模型不同，又分为网状模型数据库、层次模型数据库和关系模型数据库。

从数据库架构上来看，又分为单机数据库和分布式数据库。近些年，随着云计算的发展和普及，云数据库又应运而生。

从计算机的角度来看，数据库是以特定方式存储的数据集合，一个数据库对应于磁盘中的一个或多个文件。从逻辑上来看，数据库就是数据的集合。从物理上来看，数据库是一系列专用文件（只能由专用的数据库管理系统软件存取），这些文件有的存储数据，有的存储日志。图 1-4 展示了图书数据库的结构，其内部存储了图书信息、读者信息、借阅信息等。每一种信息都对应磁盘上的一个或多个文件。

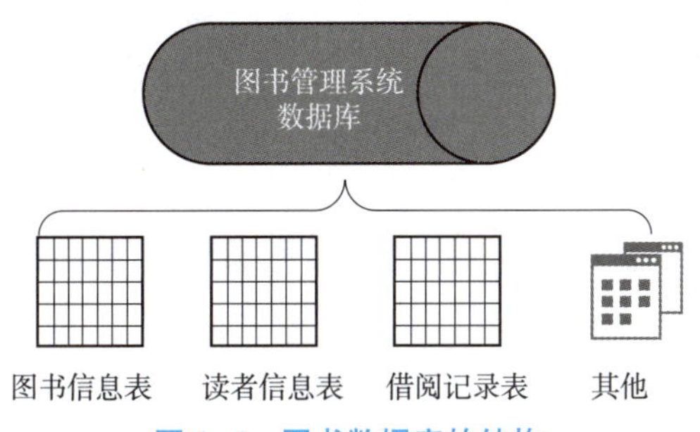

图 1-4 图书数据库的结构

三、数据库管理系统（Database Management System，DBMS）

数据库一词既是抽象的，也是具体的。“抽象”的意思是数据库是存储数据的集合；“具体”的意思则是指数据库存储的数据最终就是磁盘中的文件。然而，开发者并不能直接操作数据库文件，因为数据库文件是专有格式文件，其内部以特定结构和存储方式保存数据库。那么如何管理数据库呢？答案就是：使用数据库管理系统（简称 DBMS）。

图 1-5 展示了数据库管理系统的作用。数据库管理系统是操作人员和数据库之间的桥梁，数据库管理系统不仅为操作人员提供了操作界面，还可以对数据库进行数据对象的定义、数据更新、数据检索、用户管理和权限管理，同时，监控数据库运行状态和管理内部存储设置等。

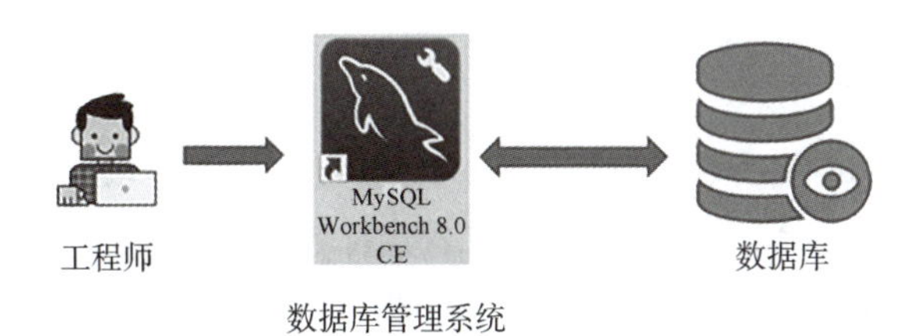

图 1-5 数据库管理系统的作用

因此，数据库管理系统是用于管理数据库的专用软件，数据库管理系统的定义是：为用户提供定义、创建、维护和控制数据库的软件系统。常见的数据库管理系统有 MySQL、Oracle、SQL Server 等。数据库管理系统是一种应用软件，而非系统软件。

四、数据库的分类

数据库依据对数据模型结构的分类不同，总体上可以分为关系型和非关系型数据库。

1. 关系型数据库

关系数据模型的概念由 IBM 的研究员 Edgar F. Codd 于 1970 年提出。关系模型的概念非常简单，一个关系可理解为一个表格，关系型数据库则为多个关系的集合。现实生活中，在描述一个实体时，它们的属性即构成了一个实体。例如一本图书关系，其包含图书 ISBN 编号、图书名称、作者、出版社、价格等属性信息，这些属性构成了一个图书关系。

在一个关系中，不仅包含属性信息，同时还记录保存主键、外键、约束等信息。其中，主键是能够唯一区分和标识一个实体的属性值，如图书编号是图书关系中的主键。

关系型数据库还具有一个特征，就是支持结构化查询语言（SQL）进行数据库管理，SQL 已经成为数据库行业标准，它不仅支持数据库操作，还支持数据的增删改查操作、其他数据对象的管理等。SQL 语言是数据库技术中最重要的组成部分。

2. 非关系型数据库（NoSQL）

随着互联网的迅速发展，特别是移动互联网的快速普及，数据已经不再限于文本、数值等传统类型，而是增加了文档、图片等非关系型数据。并且，随着数据量的不断增大，面对海量数据的存储，关系型数据库逐渐显现出诸多不足，主要体现在：

（1）高并发读写能力差：对于网站类应用，用户并发访问量非常高，一台关系型数据库在处理连接时有数量限制，容易产生磁盘 I/O 故障，并发处理能力差。

（2）海量数据读写效率低：对大数量的表进行读写操作时，因效率低下，导致读写超时。

（3）可扩展性不足：面对高并发访问和大数据量存储的问题，关系型数据库在进行水平扩展时配置不够灵活。

（4）数据模型不够灵活：关系型数据库的主要思想是关系模型，在数据库中关系模型对应数据表。数据表在创建时指定结构，规定了存储哪些数据及数据类型、大小等。数据表结构确定后，若进行修改，则会对系统产生较大影响。因此，可以说关系模型在使用中不够灵活。

（5）非关系型数据库就是在上述问题产生的背景下提出的，其面向于存储非关系型数据，例如，使用键-值对进行存储结构等，这一思想与关系模型相差较远。

（6）非关系型数据库大都是开源的，常见的产品超过 20 种，可谓百花齐放，并且很大一部分非关系型数据库都是针对某些特定的应用需求出现的，因此，对于特定应用具有极高的性能。

非关系型数据库主要分为以下几类：

（1）键值（key-value）数据库：面向高性能并发读写，典型代表如 Redis、Memcached。

（2）列存储（Columnar Storage）数据库：面向 PB 级的分析应用，如 HBase、Hypertable。京东、阿里、腾讯、唯品会、圆通、顺丰等都将 HBase 大规模应用于准实时的数据分析挖掘计算以及提供历史归档数据的存储和查询服务。

（3）文档数据库：特点是可以在海量的数据中快速地查询数据，如网页和移动应用数据。典型代表：MongoDB、CouchDB、MarkLogic。

（4）图形数据库：如应用于推荐系统、关系图谱。典型代表：new4j、InfiniteGraph、OrientDB。

图 1-6 展示了常见数据库管理系统。

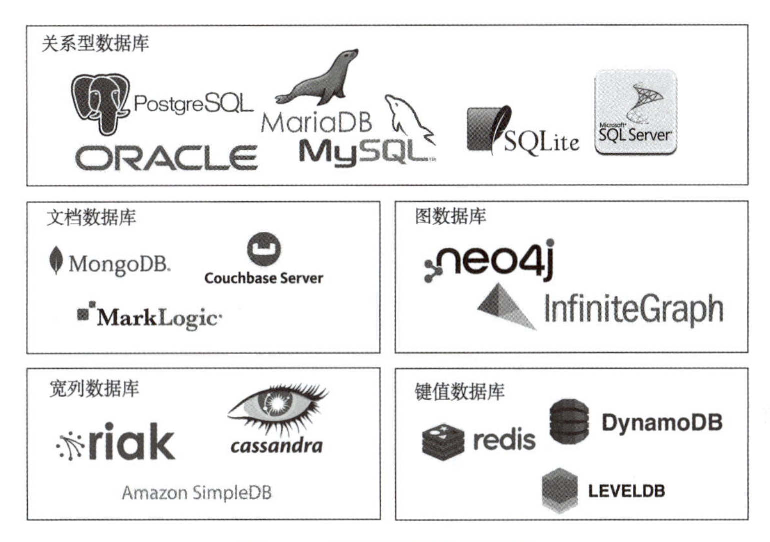

图 1-6　常见数据库管理系统

【任务实施】

本任务的实施内容是小组讨论、开展头脑风暴，通过小组合作、问题讨论等方式进行。

任务 1： 小组讨论。请在小组内讨论生活中包含哪些数据，并说明其数据类型。请将小组成员的发言内容及你的判断结果填写至表 1-1 中。

表 1-1　小组讨论 1

组别		日期	
成员姓名		成员答案	是否正确
1			
2			
3			
4			
5			
6			

任务 2： 小组讨论。请在小组内讨论数据库的概念与生活中哪些案例类似。请将小组成员的发言内容填写至表 1-2 中。

表 1-2　小组讨论 2

组别		日期	
成员姓名		成员答案	是否正确
1			
2			
3			
4			
5			
6			

任务 3：小组合作探究。MySQL 是一款关系型数据库，其内部使用数据表存储数据。数据表相当于二维的表格，由行和列组成。其中，“行”表示实体数据，“列”表示属性字段。请小组合作分析图书关系，并将分析结果填写至表 1-3 中。表中已经包含了一个字段的范例，请参照完成后续字段的分析。

表 1-3　小组合作探究 1

组别		表名称	图书信息表
#	字段名	字段类型	含义
1	图书 ISBN 编号	字符串	主键，唯一标识一本图书
2			
3			
4			
5			

任务 4：小组合作探究。根据上一个任务的经验，请小组合作分析图书管理系统中包含哪些数据。请小组继续分析表 1-4 ~ 表 1-6 三张表的作用，将每张数据表的结构填写至表 1-4 ~ 表 1-6 中。

表 1-4　小组合作探究 2

组别		表名称	读者信息表
#	字段名	字段类型	含义
1			
2			
3			
4			
5			

表 1-5　小组合作探究 3

组别		表名称	借阅信息表
#	字段名	字段类型	含义
1			
2			
3			
4			

表 1-6　小组合作探究 4

组别		表名称	归还信息表
#	字段名	字段类型	含义
1			
2			
3			
4			

【任务拓展】

国产数据库的发展

数据库是信息行业的基础设施，如果没有数据库，就不会有发展蓬勃的互联网行业。随着互联网的发展，数据库的意义更加重要。

国产数据库的发展在 30 多年的时间里经历了从 0 到 1、从 1 到 10 的迅速崛起，当前国产数据库在计算存储性能、安全性能方面已经达到世界一流水平。

国产数据库的发展起源于“去 IOE”过程。去 IOE 的完整概念最早提出于 2010 年，是以阿里巴巴公司为代表的互联网公司发起的，使闭源数据库全面转向云计算服务方式，提升大数据处理能力。以俄罗斯为代表的其他国家也于 21 世纪初提出过类似的观点，其更侧重于考虑数据库安全方面的问题。“I”是以 IBM p 系列为代表的小型机，操作系统为 AIX；“O”是以 Oracle 代表的数据库；“E”是以 EMC 为代表的中高端集中式存储。IOE 最大的特点就是将一切数据集中在单一数据库中，依托高端设备来拓展，用于增强处理能力。其增强拓展性的途径为向上拓展，通过增加内存容量、磁盘规格、CPU 数量等途径来提高计算能力，在大数据时代提升成本很大。

阿里巴巴自 2006 年开始，业务快速增长，到 2008 年，阿里巴巴的数据库成为亚洲最大的数据库，此时 IOE 架构已经显现出“瓶颈”。阿里内部提出“低成本，线性可控，分布式”的数据库架构升级方案，以 PC Server 代替小型机，以开源的 MySQL 代替 Oracle，以中低端存储代替 EMC。第二年，阿里进一步提出以自主研制数据库 OceanBase+MySQL 的组合方案替代 Oracle，正式确立了去 IOE 的完整概念。到 2012 年年底，阿里巴巴公司旗下的淘宝系整体完成了去 IOE 的目标，阿里在数据库自主可控上不断拓展，继续发展了 Hadoop 机群和飞天平台的 ODPS，实现了真正的云计算。

“十四五”之后，我国数字化发展进入新阶段，数据库对国产化进程至关重要，加速国产数据库发展势在必行。令人振奋的是，近几年，国产数据库的发展势头迅猛，达梦、GBase 南大通用、神通、金仓等国产数据库迅速崛起，为数据产业的发展注入了新鲜血液。

【任务评价】

1. 自我评估与总结

（1）本次课你学习并掌握了哪些知识点？

____

____

____

____

（2）理解数据库相关概念过程中遇到哪些困难？如何解决？

____

____

____

____

（3）谈谈你的心得体会。

____

____

____

____

2. 课堂自我评价（表 1-7）

表 1-7 课堂自我评价

班级		姓名		填写日期	
#	项目	评价要点		权重	得分
1	课前预习	能够按要求完成课前预习。 能够仔细阅读教材资料并记录。 能够提出疑问并自主检索资料。 能够与同组同学进行讨论。		20	
2	课中任务学习	能够认真听讲并记录。 能够在听讲过程中提出疑问。 能够与同组同学讨论并提出自己的观点。 能够认真听讲并回答老师的提问。		20	

续表

3	课中任务实施	能够仔细听讲并完成实施任务。 能够正确填写实施报告。 能够与同组同学互相讨论并帮助同组成员解决问题。	40	
4	职业素养	具备团队协作能力，能主动与同组同学进行问题讨论，并协调和帮助同组成员解决问题。 具备开源精神与思想，遵守开源相关规范。 具备爱国之心，具有社会主义主人翁意识。	20	

任务二 掌握 MySQL 安装与配置

【任务目标】

1. 能够独立完成 Windows 平台 MySQL 安装部署。
2. 能够查阅资料，解决 MySQL 安装中出现的疑难故障。
3. 理解 MySQL 配置文件中各配置项的含义。
4. 实践中培养精益求精和耐心专注的工匠精神。

【任务描述】

在任务一中你已经小试身手，理解了数据库相关基本概念，并对关系型结构有了基本认识。本任务开始动手实践，需要你能够完成 MySQL 的安装与配置，具体包括 MySQL 安装过程中每个步骤界面的含义与正确配置、安装后的 MySQL 修改配置、启动和停止 MySQL。

学习完本任务，你能够：

①在 Windows 平台正确安装和配置 MySQL 8.0。

②掌握启动和停止 MySQL 服务的方法。

③了解 MySQL 软件的目录结构。

④了解 MySQL 配置文件 my.ini 的结构与作用。

【知识准备】

一、MySQL 介绍

MySQL 是互联网领域里一款非常重要和深受广大公司欢迎的开源关系型数据库，其由瑞典 MySQL AB 公司开发与维护。2006 年，MySQL AB 公司被 SUN 公司收购。2008 年，SUN 公司又被传统数据数据库领域大佬甲骨文（Oracle）公司收购。图 1-7 所示是 MySQL 数据库的 LOGO。

MySQL 数据库具有以下优点：

（1）MySQL 性能卓越、服务稳定，很少出现异常宕机。

（2）MySQL 开放源代码且无版权制约，自主性及使用成本低。

（3）MySQL 历史悠久，社区及用户活跃。

（4）MySQL 软件体积小，安装使用简单，并且易于维护，安装及维护成本低。

图 1-7 MySQL 数据库的 LOGO

（5）MySQL 支持多用操作系统，提供多种 API 接口，支持多种开发语言，特别对流行的 PHP 语言有很好的支持。

MySQL 的官方网站是 https://www.MySQL.com，安装文件的下载地址为 https://

www. MySQL. com/downloads/。

MySQL 在发行版本上分为社区版（community server）、企业版（enterprise server）、集群版（cluster server）和高级集群版。其中，社区版和集群版是开源免费的，其他版本需付费使用。

本教材使用开源免费的社区版本，并选用最新的 MySQL 8. 0 版本。

二、下载 MySQL 8. 0

下面来看如何下载 MySQL 8. 0 安装文件，共分为以下步骤：

（1）使用浏览器访问 MySQL 社区版下载页面 https://dev. MySQL. com/downloads/，单击页面中“MySQL Installer for Windows”链接进入社区版下载页面，如图 1-8 所示。

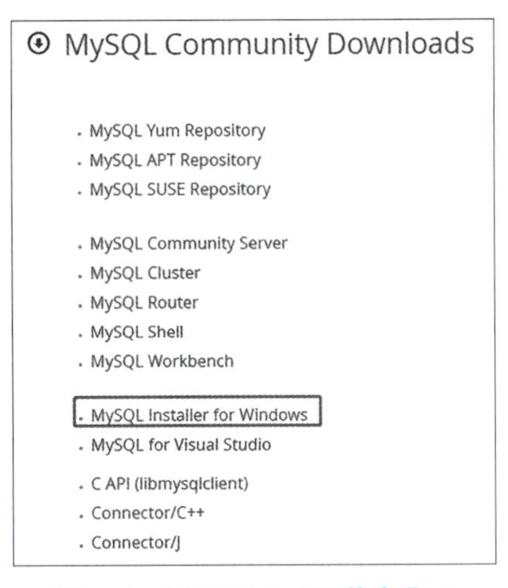

图 1-8　MySQL 8. 0 下载步骤-1

（2）在下载页面中，单击列表中第 2 个下载链接，进入 Windows 社区安装版下载确认页面，在确认页面中单击“No thanks, just start my download.”直接下载，如图 1-9 和图 1-10 所示。

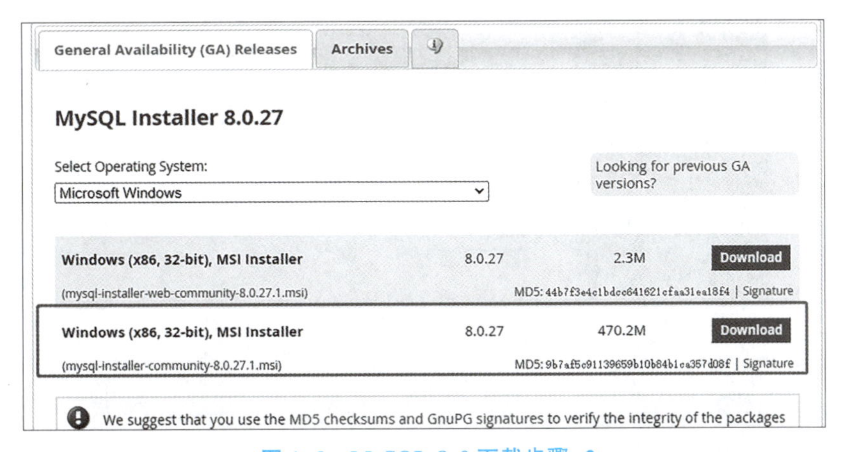

图 1-9　MySQL 8. 0 下载步骤-2

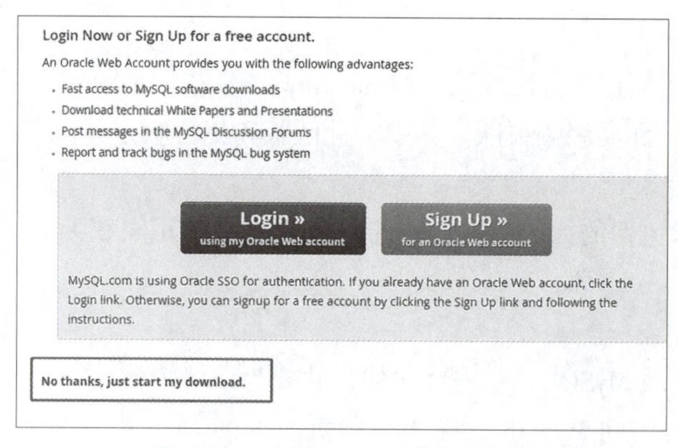

图 1-10　MySQL 8.0 下载步骤-3

三、在 Windows 上安装 MySQL 8.0

（1）下载完成后，双击 MySQL-installer-community-8.0.27.1.msi 文件开始安装，如图 1-11 所示。

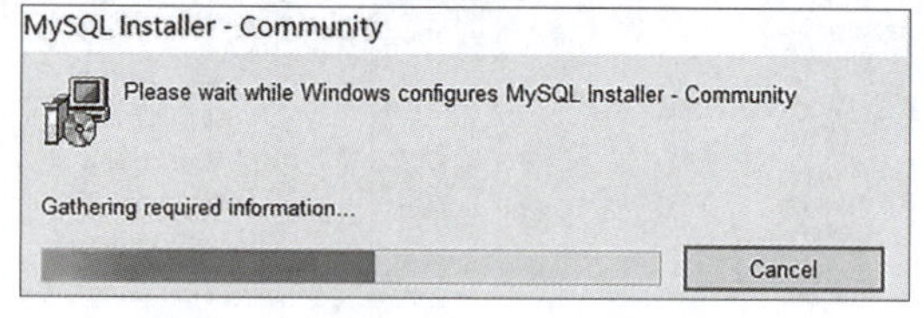

图 1-11　MySQL 8.0 安装步骤-1

（2）选择安装类型，MySQL 安装文件提供了 Developer Default（开发者默认）、Server only（仅服务端）、Client only（仅客户端）、Full（完全）、Custom（自定义）共 5 种安装模式。初学时，可以选择“全部”选项，以便更好地了解和学习 MySQL 各个组件。

（3）“Full”模式安装内容包括 MySQL 服务器、MySQL Shell、MySQL 路由器、MySQL 工作台、MySQL 连接器、文档和示例等。本任务只演示“Server only”，因此，本步骤请勾选“Server only”，并单击“Next”按钮，如图 1-12 所示。

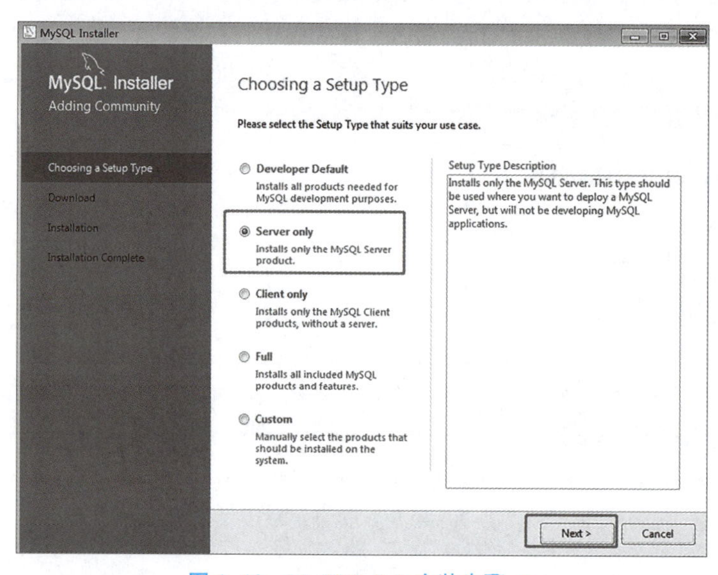

图 1-12　MySQL 8.0 安装步骤-2

（4）单击“Next”按钮，可能会出现缺少某些软件或控件而无法安装的信息。可以单击“Execute”按钮来解决，该按钮将自动安装所有需要安装的软件、控件或跳过它们，如图 1-13 所示。

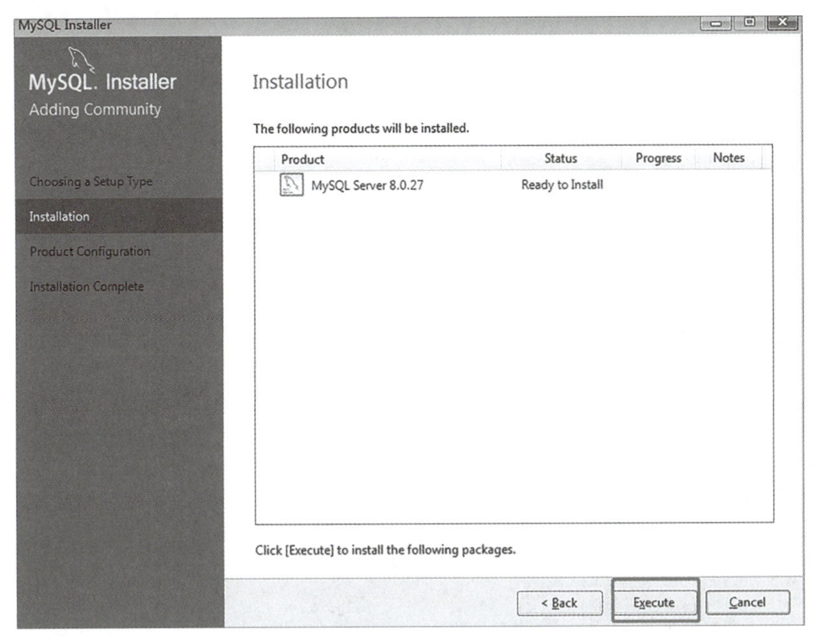

图 1-13　MySQL 8.0 安装步骤-3

（5）单击“Execute”按钮后，将自动开始安装。安装完成后，其状态会变成 Complete，此时单击“Next”按钮继续，如图 1-14 所示。

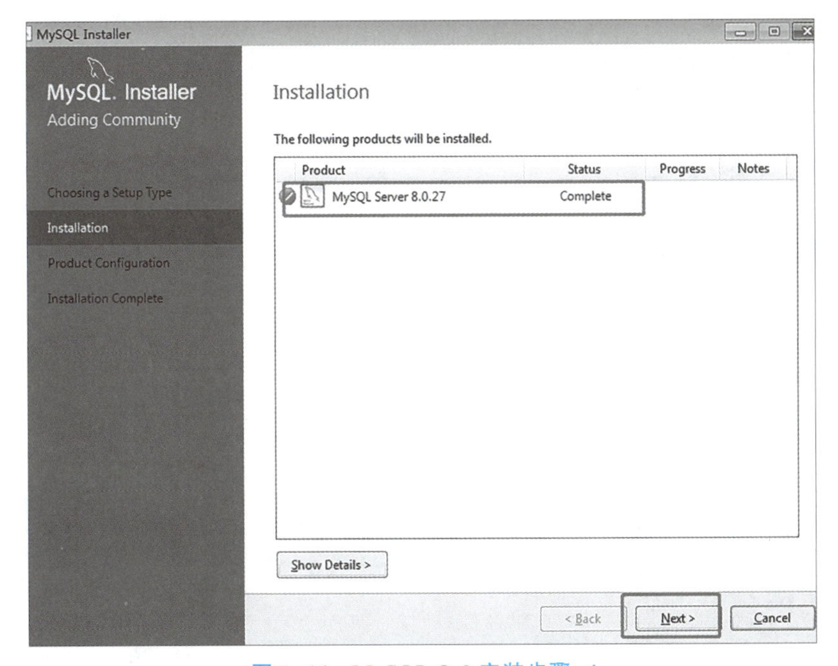

图 1-14　MySQL 8.0 安装步骤-4

（6）接下来进入 MySQL 服务的配置界面。此界面中选择默认的“Development Computer”（开发者服务器）和默认的端口号 3306（MySQL 提供服务，默认的端口号即为 3306），如图 1-15 所示。

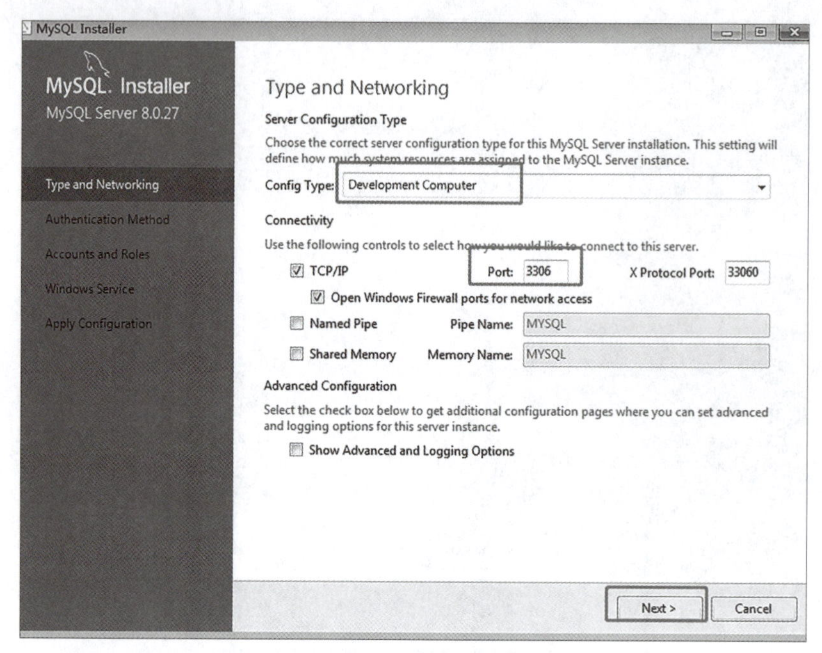

图 1-15　MySQL 8.0 安装步骤 5

（7）配置认证方式，选择默认也是推荐的认证方式：基于用户名和强密码的认证。单击“Next”按钮继续，如图 1-16 所示。

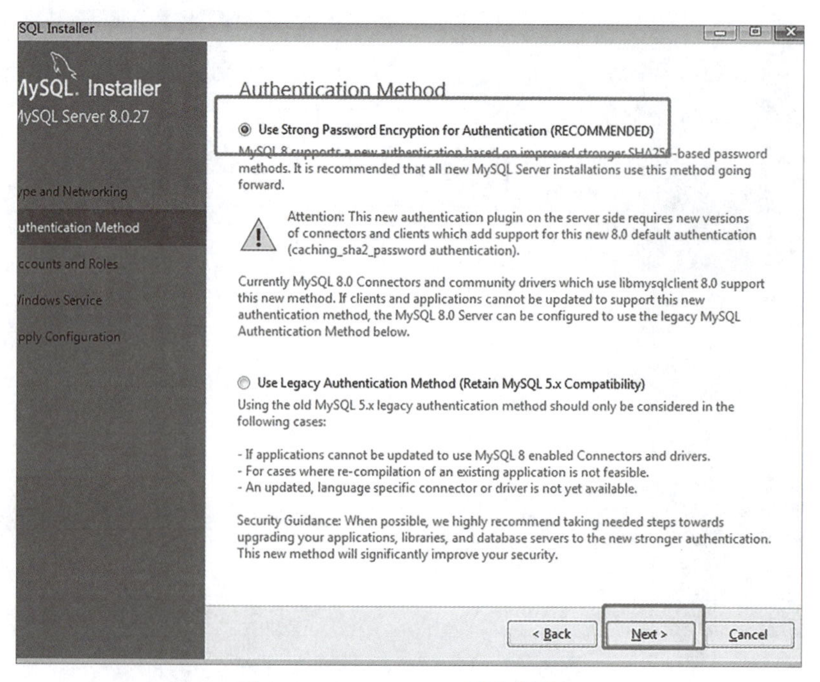

图 1-16　MySQL 8.0 安装步骤-6

配置最高权限账户 root 的登录密码。设置密码时，建议包括大小写字母、数字和特殊字符，达到强密码要求。由于 MySQL 内置的 root 账户具有最高权限，因此，密码必须妥善保管。在应用开发时，可以使用 root 用户管理数据库，但当软件上线后，最高权限账户 root 是被禁止在项目中直接使用的，一般会为项目使用的数据库创建独立账户，以保证数据安全性和便捷的权限控制。密码配置界面如图 1-17 所示。

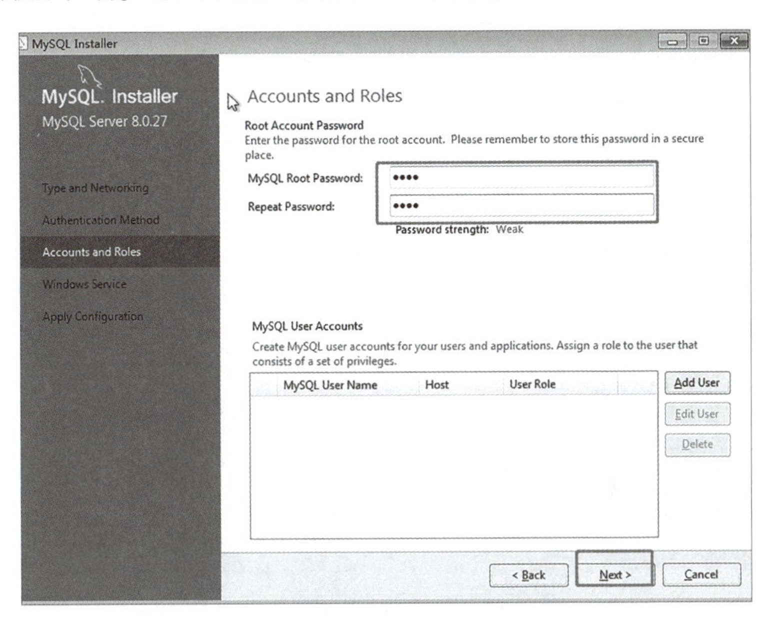

图 1-17　MySQL 8.0 安装步骤-7

（8）配置 MySQL 服务名称，此处采用默认值即可。MySQL 本质是 C/S 结构程序，其以系统服务方式运行，实现对外提供数据服务的功能，如图 1-18 所示。

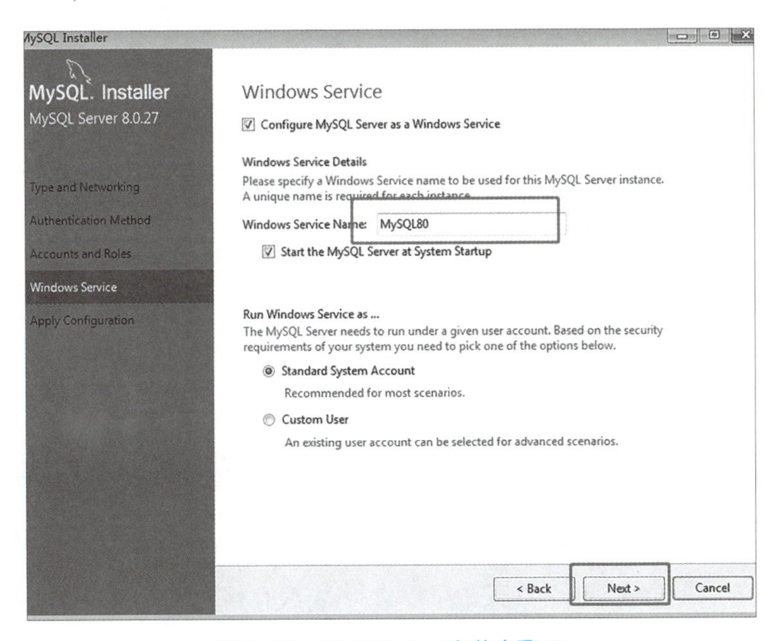

图 1-18　MySQL 8.0 安装步骤-8

（9）最后“保存并应用”配置，启动服务，完成配置流程，如图 1-19 所示。

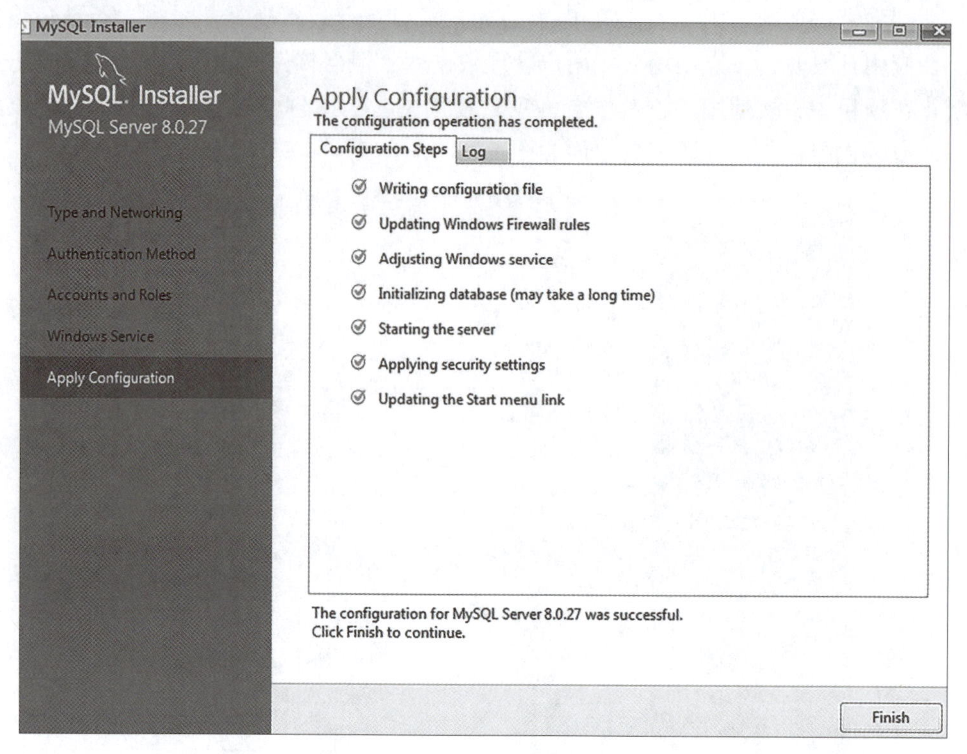

图 1-19　MySQL 8. 0 安装步骤-9

四、MySQL 服务的启动与停止

1. 启动 MySQL 服务

（1）使用系统“服务”启动。

步骤 1　同时按下 Windows+R 键，在运行窗口中输入 services. msc，按 Enter 键确认，如图 1-20 所示。

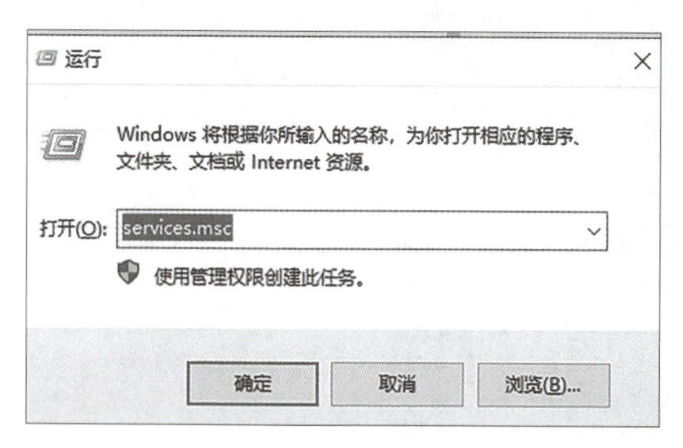

图 1-20　运行窗口

步骤 2　打开服务器管理器，在其中可以看到 MySQL 相关服务项，若服务状态为“已启动”，则表明为服务启动成功，如图 1-21 所示。

Microsoft Windows SMS 路由器服务.	根据规则将消息路由到相应客户端。		手动(触发...	本地服务
Microsoft 键盘筛选器	控制击键筛选和映射		禁用	本地系统
Mozilla Maintenance Service	Mozilla 维护服务能确保您的计算...		手动	本地系统
MySQL80		正在运行	自动	网络服务
Net.Tcp Port Sharing Service	提供通过 net.tcp 协议共享 TCP 端...		禁用	本地服务
Netlogon	为用户和服务身份验证维护此计算...		手动	本地系统

图 1-21　服务界面

（2）使用 net 命令启动。

单击“开始”菜单，在搜索框中输入“cmd”进入命令行窗口，在命令行窗口中输入 net start mysql80 即完成服务启动，如图 1-22 所示。

```
C:\>net start mysql80
MySQL80 服务正在启动 ...
MySQL80 服务已经启动成功。
```

图 1-22　MySQL 8.0 服务启动界面

2. 停止 MySQL 服务

（1）同时按下 Windows+R 组合键，在“运行”窗口中输入 services. msc，打开服务组件窗口。在窗口中找到 mysql80 服务，右击，选择“停止”即可。

（2）使用 net 命令停止。

单击“开始”菜单，在搜索框中输入“cmd”进入命令行窗口，在命令行窗口中输入“net stop mysql80”即完成服务停止。

五、MySQL 目录详解

在 Windows 64 位操作系统上安装 MySQL，程序的默认安装目录为 C:\Program Files\MySQL\MySQL Server 8. 0。程序安装目录结构及含义见表 1-8。

表 1-8　MySQL 8. 0 目录列表

目录名称	含义
Bin	存放服务端和客户端程序（命令）文件
docs	存放 MySQL 文档
etc	存放 MySQL 相关配置示例文件
include	存放 MySQL 程序所需头文件
Lib	存放 MySQL 程序所需库文件
Share	存放 MySQL 程序运行所需共享库文件

以上目录中常用的是 Bin 目录下一些服务端和客户端可执行文件，具体包括了 MySQLd. exe、MySQL. exe、MySQLdump. exe 等。

除了程序安装目录外，MySQL 安装后还会创建 C:\ProgramData\MySQL\MySQL Server 8. 0 目录用于保存 MySQL 数据和配置文件。表 1-9 列出了此文件夹下的目录及文件。

表 1-9　此文件夹下的目录及文件

目录或文件名	含义
data	MySQL 服务的默认数据目录
uploads	MySQL 导入导出目录
My. ini	MySQL 主配置文件

六、MySQL 主配置文件 my. ini 详解

my. ini 文件是 MySQL 服务启动时自动读取的配置文件，其中定义了 MySQL 服务所需的参数。my. ini 文件存储在 MySQL 的安装目录下或 ProgramData 目录下。

my. ini 文件的结构总体可分为三部分，分别为：

[client] 定义了客户端相关参数。

[mysql] 定义 MySQL 命令运行时的配置。

[mysqld] 定义 MySQL 服务运行时的配置。

1. client 部分（表 1-10）

表 1-10　client 部分

参数名	值	含义
port	3306	客户端连接 MySQL 服务时的端口号
default-character-sest	GBK	客户端连接时使用的默认字符集，GBK 为简体中文大字符集

2. mysql 部分（表 1-11）

表 1-11　mysql 部分

参数名	值	含义
No-beep	空	发生错误时不发出蜂鸣声
default-character-sest	GBK	命令连接时使用的默认字符集，GBK 为简体中文大字符集

3. mysqld 部分（表 1-12）

表 1-12　mysqld 部分

参数名称	说明
port	表示 MySQL 服务器的端口号
basedir	表示 MySQL 的安装路径
datadir	表示 MySQL 数据文件的存储位置，也是数据表的存放位置
default-character-set	表示服务器端默认的字符集
default-storage-engine	创建数据表时，默认使用的存储引擎

续表

参数名称	说明
sql-mode	表示 SQL 模式的参数，通过这个参数可以设置检验 SQL 语句的严格程度
max_connections	表示允许同时访问 MySQL 服务器的最大连接数。其中一个连接是保留的，留给管理员专用
query_cache_size	表示查询时的缓存大小，缓存中可以存储以前通过 SELECT 语句查询过的信息，再次查询时，就可以直接从缓存中拿出信息，从而改善查询效率
table_open_cache	表示所有进程打开表的总数
tmp_table_size	表示内存中每个临时表允许的最大大小
thread_cache_size	表示缓存的最大线程数
myisam_max_sort_file_size	表示 MySQL 重建索引时所允许的最大临时文件的大小
myisam_sort_buffer_size	表示重建索引时的缓存大小
key_buffer_size	表示关键词的缓存大小
read_buffer_size	表示 MyISAM 表全表扫描的缓存大小
read_rnd_buffer_size	表示将排序好的数据存入该缓存中
sort_buffer_size	表示用于排序的缓存大小

通过以上配置可以看出，如果希望修改 MySQL 服务的端口号，应该修改［mysqld］部分的 port 参数。

【任务实施】

任务 1：根据“知识准备”内容，回答以下问题。

1. MySQL 的发行版包括哪些？

______

2. MySQL 社区版的英文单词是什么？

______

3. 当前 MySQL 的发行版本号是多少？

______

任务 2：实践操作部分。在本地完成 MySQL 8.0 安装，并回答以下问题。

1. MySQL 程序安装的默认目录是什么？

______

2. MySQL 数据文件默认目录是什么？

______

3. MySQL 的默认系统服务名是什么？默认端口号是什么？

______

4. MySQL 安装完成后，在其主目录下包括哪些文件夹？

____

____

____

____

5. MySQL 安装程序主目录中，bin 目录下包括哪些可执行（.exe）文件？

____

____

____

____

6. 谈谈你对数据库和数据库管理系统两个概念的理解。

____

____

____

____

【任务拓展】

什么是云数据库？

云数据库是指运行在云计算平台上的数据库，云数据库通常被作为“服务（Service）”对外发布，此种服务称为“数据库即服务”（Database as a Service，DBaaS）。

云数据库是部署和虚拟化在云计算环境中的数据库。云数据库是在云计算的大背景下发展起来的一种新兴的共享基础架构的方法，它极大地增强了数据库的存储能力，消除了人员、硬件、软件的重复配置，让软、硬件升级变得更加容易。云数据库具有高可扩展性、高可用性、采用多租形式和支持资源有效分发等特点。

将数据库以云服务的模式交付给用户，就是数据库即服务，也称云数据库，通俗来说，就是将云计算与数据库结合起来，将数据库部署至虚拟计算环境中。用户使用云数据库时，可以实现按需付费、弹性扩容、动态升级等功能。云数据库往往采用高可用的设计方案，保证用户使用数据的可靠性。

云数据库本质上是一种云计算技术，为用户提供易于使用且易于更新的数据库解决方案。作为一种云服务，云数据库和传统数据库相比，具有易用性高、可扩展性强等特点。传统的数据库管理要求提供基础设施和资源来管理数据中心的数据库，这样做成本高且耗时长，云数据库很好地解决了这些问题。

因此，使用云数据库，使用者不必自己安装和维护数据库，由数据库服务提供商负责完成上述操作。使用者只需根据使用的数据库服务量（存储空间等各类配置）向提供商支付相应费用即可，并且付费是弹性的，例如，支持按月、年付费和按使用量付费。因此，使用云数据企业不仅不需要自己购置服务器安装数据库软件，而且在成本支出上

也大幅降低。

云数据库具有诸多优点，具体有：

1. 轻松部署

用户能够在云服务控制台轻松地完成数据库申请和创建，云数据库实例在几分钟内就可以准备就绪并投入使用。用户通过云服务提供的功能完善的控制台，对所有实例进行统一管理。

2. 高可靠

一般云数据库具有故障自动单点切换、数据库自动备份等功能，保证服务实例高可用和数据安全。并且，一般云数据库都提供数据备份，可恢复或回滚至某天内任意备份点。

3. 低成本

使用云数据库支付的费用远低于自建数据库所需的成本，用户可以根据自己的需求选择不同套餐，使用很低的价格得到一整套专业的数据库支持服务。

从数据库类型上来看，云数据库在数据库类型上也分为关系型数据库 RDBMS 和非关系型数据库（NoSQL 数据库）。主要云数据库厂商有：

1. Amazon RDS

Amazon RDS（Amazon Relational Database Service，AWS RDS）是一个以 Web 方式提供的云数据库服务，旨在简化关系型数据库的设置、操作和扩展，以便在应用程序中使用。目前 AWS RDS 支持的主流关系型数据库包括 MySQL、MariaDB、Oracle、Microsoft SQL Server 和 PostgreSQL。用户可以从 AWS 管理控制台或使用 AWSRDS API 启动一个新的数据库实例，AWS RDS 提供不同的功能来支持不同的实例。

2. Microsoft Azure Database

Microsoft Azure Database 作为 Microsoft Azure 服务的一部分为用户提供众多托管的数据库服务，包括 Azure SQL Database、Azure Database for MySQL、Azure Cache for Redis、Azure Cosmos DB 等众多关系型数据库和非关系型数据库。数据库服务的可伸缩性、备份和高可用由云平台本身提供与管理。例如，Azure SQL Database 作为托管类型的 SQL Server 数据库服务，它与作为容器服务的 AWS RDS 不同，它内置的智能感知服务，可以最大限度地提高 SQL 查询语句的性能，为用户提供性能优化、安全、可靠性和数据保护等方面的最佳实践建议。

3. Google BigTable

Google BigTable（以下简称 BigTable）云数据库服务是基于 Google 文件系统（Google File System，GFS）的数据存储系统，用于存储大规模结构化数据。BigTable 不是传统的关系型数据库，不支持 JOIN 这样的 SQL 语法。

4. 阿里云数据库

阿里云数据库 Apsara DB 具有稳定可靠、可弹性伸缩等特点。可运维 90% 以上主流开源即商业数据库，同时提供更高的计算性能，更拥有容灾、备份、恢复、监控、迁移等方面的全套解决方案。

【任务巩固】

一、判断题

1. 数据库中的数据可以共享。(　　)
2. 数据库管理员缩写为 DBA。(　　)
3. 数据库是一种软件。(　　)
4. 对象型数据库是目前数据库的主流结构。(　　)
5. 数据在存储时应避免一切冗余存储。(　　)
6. Oracle 是一种大型操作系统。(　　)
7. MySQL 是一种收费型软件。(　　)
8. 数据库管理系统是一种软件，其安装在操作系统之上。(　　)
9. MySQL 只能安装在 Windows 操作系统上，其他操作系统无法使用。(　　)
10. 数据库管理系统简称为 DBMS。(　　)

二、填空题

1. 填写 MySQL 至少三种发行版的名称：________、________、________。
2. MySQL 安装后，默认使用的端口号是________________。
3. MySQL 默认安装在________________目录下。
4. 数据的英文单词是________，数据库的英文单词是________。
5. 数据库管理系统的英文单词是________________。

【任务评价】

1. 自我评估与总结

（1）本次课你学习并掌握了哪些知识点？

____

____

____

____

（2）你在下载和安装 MySQL 时，遇到了哪些困难？是如何解决的？

____

____

____

____

（3）谈谈你的心得体会。

____

____

____

____

2. 课堂自我评价（表 1-13）

表 1-13 课堂自我评价

<table>
<tr><td>班级</td><td colspan="2"></td><td>姓名</td><td></td><td>填写日期</td><td colspan="2"></td></tr>
<tr><td>#</td><td>项目</td><td colspan="4">评价要点</td><td>权重</td><td>得分</td></tr>
<tr><td>1</td><td>课前预习</td><td colspan="4">能够按要求完成课前预习。
能够仔细阅读教材资料并记录。
能够提出疑问并自主检索资料。
能够与同组同学进行讨论。</td><td>20</td><td></td></tr>
<tr><td>2</td><td>课中任务学习</td><td colspan="4">能够认真听讲并记录。
能够在听讲过程中提出疑问。
能够与同组同学讨论并提出自己的观点。
能够认真听讲并回答老师的提问。</td><td>20</td><td></td></tr>
<tr><td>3</td><td>课中任务实施</td><td colspan="4">能够仔细听讲并完成实施任务。
能够正确填写实施报告。
能够与同组同学互相讨论并帮助同组成员解决问题。</td><td>40</td><td></td></tr>
<tr><td>4</td><td>职业素养</td><td colspan="4">具备团队协作能力，能主动与同组同学进行问题讨论，并协调和帮助同组成员解决问题。
具备开源精神与思想，遵守开源相关规范。
具备爱国之心，具有社会主义主人翁意识。</td><td>20</td><td></td></tr>
</table>

任务三 MySQL 客户端工具的使用

【任务目标】

1. 能够使用 MySQL 命令行工具管理 MySQL。
2. 能够使用 MySQL Workbench 管理 MySQL。
3. 掌握 E-R 图绘制流程与规范。
4. 能够使用 PowerDesigner 进行数据库设计。
5. 实践中培养精益求精和耐心专注的工匠精神。

【任务描述】

在任务二中已经完成了 MySQL 的安装，并对 MySQL 的目录结构和配置文件 my. ini 有了基本了解。那么，在安装完 MySQL 后，如何使用呢？本任务即解决此问题。

学习完本任务后，你能够：

①掌握 MySQL 常用命令行工具的使用。

②掌握 MySQL Workbench 客户端工具的使用。

【知识准备】

一、理解 MySQL 架构

在之前的任务中可以发现，在安装完 MySQL 后，需要启动服务才能正常使用 MySQL。打开 mysql 命令行后，第一步也是要连接 MySQL 才能使用。因此，可以总结出，MySQL 是一种客户端/服务端架构应用程序，如图 1-23 所示。

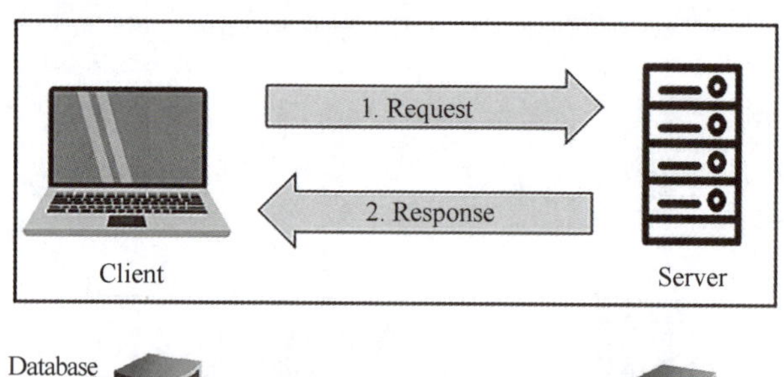

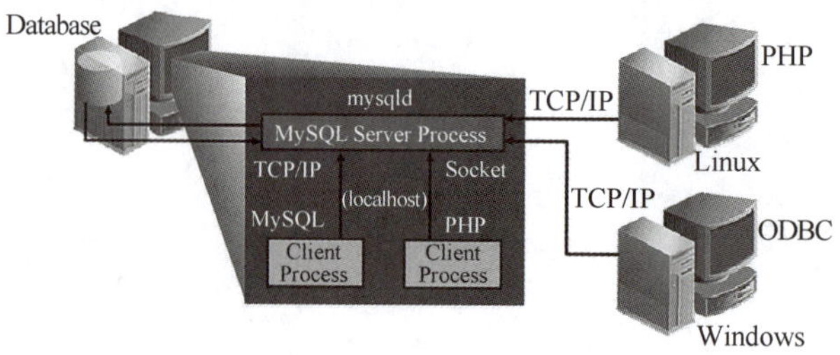

图 1-23　MySQL 物理架构

从物理架构上来看，MySQL 是典型的 C/S 架构的应用程序，其中，C 指的是 Client 客户端、S 指的 Server 服务端。安装完 MySQL 后，需要启动 MySQL 服务后才能使用，这即是服务端。客户端的功能则是连接服务端和管理数据库的工具。安装 MySQL 后，默认安装了 MySQL 命令行客户端工具，同时，官方提供了 MySQL Workbench 图形化客户工具软件，常用第三方客户端软件包括 Navicat For MySQL、phpMyAdmin 等。

从逻辑架构来看，MySQL 可以理解为三个层，分别为应用程序层、逻辑层和存储引擎的物理层，如图 1-24 所示。

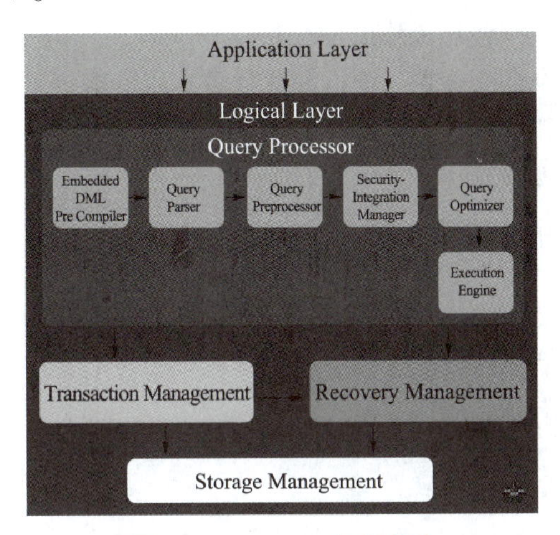

图 1-24　MySQL 逻辑架构

应用程序层是客户端和用户与 MySQL RDBMS 交互的地方。连接处理、身份验证、安全性所需的所有服务都在这里。此层中有三个主要组件，即管理员、客户端、查询用户。

逻辑层从应用层获取数据。跨存储引擎提供的任何功能都位于此级别，如存储过程、触发器和视图。它分为查询处理器、事务管理、恢复管理、存储管理等子系统。这些子系统协同工作，以处理发给 MySQL 数据库服务器的请求。上述子系统之一的输出将成为另一个子系统的输入。

第三层是包含存储引擎的物理层。它们负责存储和检索存储在 MySQL 中的所有数据。MySQL 的物理层与其他 RDBMS 略有不同。这里的物理系统由可插拔存储引擎架构组成，该架构使存储引擎能够加载到正在运行的 MySQL 服务器中和从中卸载。

可用的各种引擎有 MyISAM、InnoDB、CSV、Archive 等。从 MySQL 5.5.5 开始，新表的默认存储引擎是 InnoDB（MySQL 中的 CREATE TABLE 语句默认创建 InnoDB 表）。每个存储引擎都有不同的特性，可以根据应用的需求选择合适的存储引擎。创建表时，可以选择要使用的存储引擎。例如，如果有一个 CSV 数据，它只接收逗号分隔的文本，则可以使用 CSV 存储引擎，该引擎使用逗号分隔值格式将数据存储在文本文件中。同样，可以使用 Archive 存储引擎来存储没有索引的大量数据。

MySQL 将每个数据库（也称为模式）存储为底层文件系统中其数据目录的子目录。每个数据库都有一个对应的数据目录。创建表时，MySQL 将表定义存储在与表同名的 .frm 文件中。因此，当创建名为 Orders 的表时，MySQL 将表定义存储在 Orders.frm 中。这些 .frm 文件不存储数据，而仅具有包含表结构描述的格式。

二、mysql 命令的使用

在 MySQL 的日常工作和管理中，用户经常会用到 MySQL 提供的各种管理工具，比如，对象查看、数据备份、日志分析等，熟练使用这些工具将会大大提高工作效率。

管理工具可以分为命令行和可视化软件两大类，本部分介绍命令行管理工具，这些管理工具是在安装时默认提供的，因此可以直接使用。常用的客户端命令程序包括了：

- mysql：与 MySQL 服务端交互的主要命令行工具。
- mysqladmin：用于执行管理操作的命令行工具。
- mysqlcheck：用于检查、修复、分析和优化数据表的客户端工具。
- mysqldump：用于实现数据库逻辑备份的工具。
- mysqlimport：可以实现文本数据文件的导入。
- mysqlshow：可以显示数据库、表和列等信息。

本部分重点介绍 mysql 命令，其他命令工具将在后续章节中讲解。

mysql 命令是 mysql 日常开发和管理中最常用，同时也是功能强大的客户端工具。mysql 命令不仅可以连接到服务端，而且可以直接发送 SQL 到服务端并获取服务端返回结果。

mysql 命令的使用语法为：

```
mysql [参数] [数据库名]
```

其中，[参数] 表示可选，[数据库名] 表示可选。输入 MySQL --help 可查看 MySQL 命令所有参数及说明，如图 1-25 所示。

```
C:\Users\Administrator>mysql --help
ysql  Ver 8.0.27 for Win64 on x86_64 (MySQL Community Server - GPL)
opyright (c) 2000, 2021, Oracle and/or its affiliates.

racle is a registered trademark of Oracle Corporation and/or its
ffiliates. Other names may be trademarks of their respective
wners.

sage: mysql [OPTIONS] [database]
 -?, --help          Display this help and exit.
 -I, --help          Synonym for -?
 --auto-rehash       Enable automatic rehashing. One doesn't need to use
                     'rehash' to get table and field completion, but star
                     and reconnecting may take a longer time. Disable wit
                     --disable-auto-rehash.
                     (Defaults to on; use --skip-auto-rehash to disable.)
 -A, --no-auto-rehash
```

图 1-25　MySQL 命令帮助信息

由于 mysql 命令参数较多，本部分只讲解最常用的几种形式。

1. 使用 mysql 命令连接服务端

```
mysql --user=用户名 --password=密码 --host=服务端主机名或 IP
--port=端口号 --database=数据库 --default-character-set=字符集
```

mysql 命令参数的写法为以双短横线开头。其中：

- --user=用户名：指定连接服务端的用户名。
- --password=密码：指定连接服务端的用户密码，可选，可稍后输入密码。
- --host=MySQL 服务端主机名或 IP：可选，默认为本机。
- --port=端口号：指定连接时使用的端口号，可选，默认为 3306。

● --database=数据库：指定连接后默认打开的数据库，可选。

● --default-character-set=字符集：指定连接时使用的字符集，可选。

上述用法是一种“较完整”的形式，其中，除--user 参数不能省略外，其余参数都可选填。图 1-26 展示了命令执行结果，正确填写各参数并执行后，将出现与 MySQL 服务端的交互界面。

```
D:\>mysql --user=root --password=toor --host=127.0.0.1 --port=
3306 --database=blog --default-character-set=utf8
mysql: [Warning] Using a password on the command line interfac
e can be insecure.
Welcome to the MySQL monitor.  Commands end with ; or \g.
Your MySQL connection id is 81
Server version: 8.0.27 MySQL Community Server - GPL

Copyright (c) 2000, 2021, Oracle and/or its affiliates.

Oracle is a registered trademark of Oracle Corporation and/or
its
affiliates. Other names may be trademarks of their respective
owners.

Type 'help;' or '\h' for help. Type '\c' to clear the current
input statement.

mysql> _
```

图 1-26　MySQL 连接服务端执行结果

2. 连接 MySQL 简写形式 1

```
MySQL  -u 用户名 -h 主机名或 IP  -P 端口号  -p  [数据库]
```

本用法是上述第 1 种用法的简化版本，日常使用较多。参数中除-u 参数（用于指定连接用户名）和-p 参数不能省略外，其余参数都可不填写，均可在后续操作中指定。图 1-27 展示了使用简化方法连接 MySQL 服务端。

```
D:\>mysql -u root -p
Enter password: ****
Welcome to the MySQL monitor.  Commands end wi
Your MySQL connection id is 80
Server version: 8.0.27 MySQL Community Server

Copyright (c) 2000, 2021, Oracle and/or its af

Oracle is a registered trademark of Oracle Cor
affiliates. Other names may be trademarks of t
owners.

Type 'help;' or '\h' for help. Type '\c' to cl

mysql> _
```

图 1-27　使用简化方法连接 MySQL 服务端

3. 连接 MySQL 简写形式 2

```
mysql  -u 用户名 -p 密码 -h 主机名或 IP  -P 端口号  [数据库]
```

此种方式直接将参数与对应值写在一起，简化了后续密码录入过程。例如，使用用户 root 和密码 123 连接本地 MySQL 服务器上的 student 数据库，端口为 3306，命令为：

```
mysql -u root -p123 -h localhost -P 3306 student
```

再进一步省略主机名（默认为 localhost）、端口号（默认为 3306）和数据库名称后，命令为：

```
mysql -u root -p 123
```

使用上述命令即可快速连接服务端 MySQL 交互界面。

4. 使用 mysql 命令执行 SQL 文件

```
mysql  < SQL 文件 > 输出结果
```

其中，符号<用于读取外部输入内容，符号>表示向外部输出内容。

命令中所描述的 SQL 文件是一种特殊的文本文件，其使用 SQL 语法编写。SQL 称为结构化查询语言，是数据库开发和管理的通用语言，可理解为客户端与数据库服务端交互使用的语言。基于 SQL 可以实现数据库和数据表的管理、用户及权限管理等。图 1-28 展示了一个简单创建数据表的 SQL 文件及执行结果。

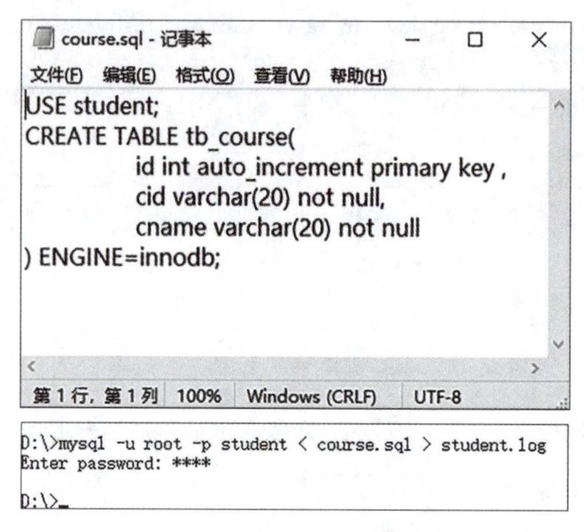

图 1-28　MySQL 命令执行 SQL 文件

三、MySQL 交互环境中常用命令

MySQL 提供了功能强大的 show 命令用于查看数据库、数据表、字段及数据库各类状态信息。常用 show 命令包括以下几种方式。

1. show databases

此命令用于列出当前所有数据库。具体用法为：

```
show databases [like '条件模式']
```

like 子名用于实现筛选。例如，筛选出所有以 m 开头的数据库，则语句为：

```
show databases like 'm%'
```

图 1-29 展示了两种用法及运行结果。

2. show tables

此命令用法与 show databases 类似，用于显示当前选定数据库下的数据表。具体用法为：

```
show tables [like '条件模式']
```

图 1-30 使用 show tables 命令列出当前数据库下数据表用法。其中，命令 use blog 实现了切换到（打开）数据库 blog。

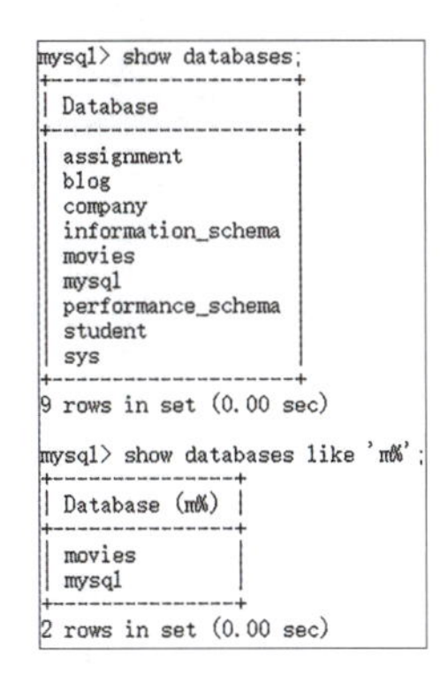

```
mysql> show databases;
+--------------------+
| Database           |
+--------------------+
| assignment         |
| blog               |
| company            |
| information_schema |
| movies             |
| mysql              |
| performance_schema |
| student            |
| sys                |
+--------------------+
9 rows in set (0.00 sec)

mysql> show databases like 'm%';
+---------------+
| Database (m%) |
+---------------+
| movies        |
| mysql         |
+---------------+
2 rows in set (0.00 sec)
```

图 1-29　show databases 命令执行结果

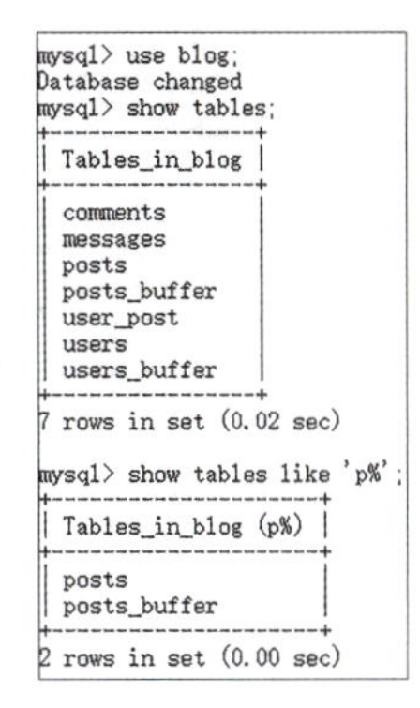

```
mysql> use blog;
Database changed
mysql> show tables;
+----------------+
| Tables_in_blog |
+----------------+
| comments       |
| messages       |
| posts          |
| posts_buffer   |
| user_post      |
| users          |
| users_buffer   |
+----------------+
7 rows in set (0.02 sec)

mysql> show tables like 'p%';
+---------------------+
| Tables_in_blog (p%) |
+---------------------+
| posts               |
| posts_buffer        |
+---------------------+
2 rows in set (0.00 sec)
```

图 1-30　show tables 命令执行结果

3. show create <database | table> <数据库名 | 数据表名>

show create 语句用于生成创建数据库、创建数据表的语句，其后可以跟数据库名和数据表名。

```
show create database blog
```

生成创建 hr 数据库的语句

```
Show create table users
```

生成创建 users 数据表的语句

图 1-31 和图 1-32 分别展示了上述 2 个案例的执行结果。

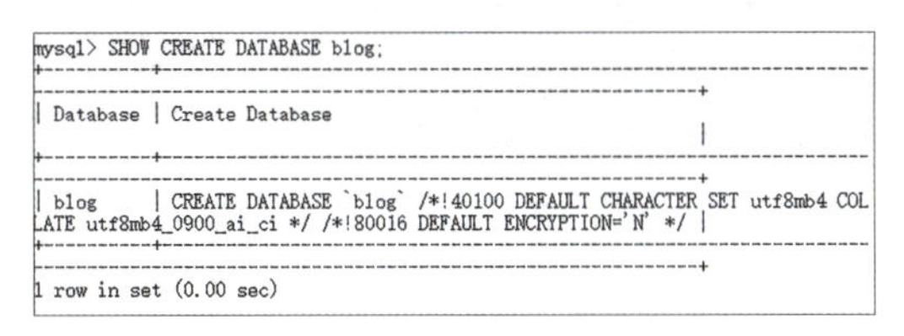

```
mysql> SHOW CREATE DATABASE blog;
+----------+------------------------------------------------------------------------------------------------------------------------------+
| Database | Create Database                                                                                                              |
+----------+------------------------------------------------------------------------------------------------------------------------------+
| blog     | CREATE DATABASE `blog` /*!40100 DEFAULT CHARACTER SET utf8mb4 COLLATE utf8mb4_0900_ai_ci */ /*!80016 DEFAULT ENCRYPTION='N' */ |
+----------+------------------------------------------------------------------------------------------------------------------------------+
1 row in set (0.00 sec)
```

图 1-31　查看创建 hr 数据库语句

```
mysql> SHOW CREATE TABLE users;
+-------+--------------------------------------------+
| Table | Create Table                               |
+-------+--------------------------------------------+
| users | CREATE TABLE `users` (
  `id` int NOT NULL AUTO_INCREMENT,
  `username` varchar(40) NOT NULL,
  `firstname` varchar(40) NOT NULL,
  `password` varchar(40) NOT NULL,
  `emailid` varchar(40) NOT NULL,
  `createdon` timestamp NOT NULL DEFAULT CURRENT_TIMESTAMP ON UPDATE CURRENT_TIMESTAMP,
  `usertype` varchar(50) NOT NULL DEFAULT 'normal',
  PRIMARY KEY (`id`),
  UNIQUE KEY `username` (`username`)
) ENGINE=InnoDB AUTO_INCREMENT=8 DEFAULT CHARSET=latin1 |
+-------+--------------------------------------------+
1 row in set (0.00 sec)
```

图 1-32　查看创建 users 数据表语句

4. show engines

此命令用于列出数据库所支持的存储引擎。图 1-33 展示了执行结果。

mysql> show engines;

Engine	Support	Comment	Transactions	XA	Savepoints
MEMORY	YES	Hash based, stored in memory, useful for temporary tables	NO	NO	NO
MRG_MYISAM	YES	Collection of identical MyISAM tables	NO	NO	NO
CSV	YES	CSV storage engine	NO	NO	NO
FEDERATED	NO	Federated MySQL storage engine	NULL	NULL	NULL
PERFORMANCE_SCHEMA	YES	Performance Schema	NO	NO	NO
MyISAM	YES	MyISAM storage engine	NO	NO	NO
InnoDB	DEFAULT	Supports transactions, row-level locking, and foreign keys	YES	YES	YES
BLACKHOLE	YES	/dev/null storage engine (anything you write to it disappears)	NO	NO	NO
ARCHIVE	YES	Archive storage engine	NO	NO	NO

图 1-33　存储引擎列表

若查看某一个存储引擎状态，则可以使用命令：

```
show engine [存储引擎名称] status
```

例如，查询 innodb 存储引擎状态，使用 Show engine innodb status 命令，图 1-34 展示了执行结果。

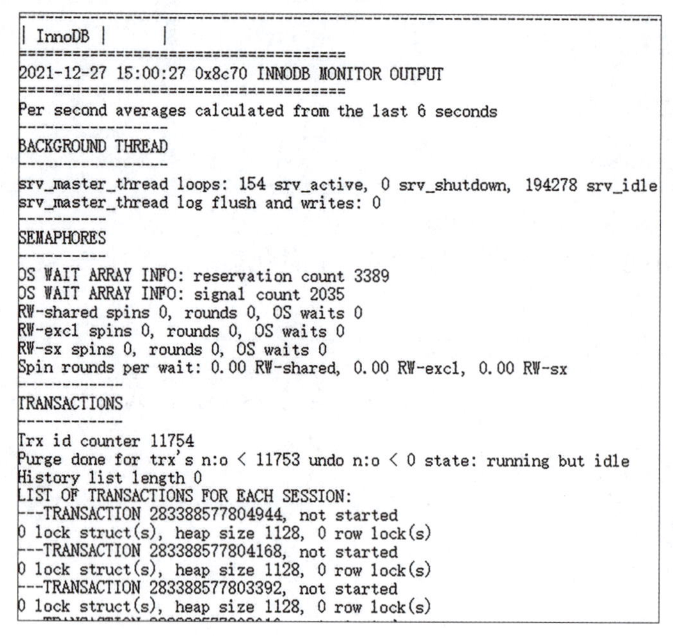

```
| InnoDB |        |
=====================================
2021-12-27 15:00:27 0x8c70 INNODB MONITOR OUTPUT
=====================================
Per second averages calculated from the last 6 seconds
-----------------
BACKGROUND THREAD
-----------------
srv_master_thread loops: 154 srv_active, 0 srv_shutdown, 194278 srv_idle
srv_master_thread log flush and writes: 0
----------
SEMAPHORES
----------
OS WAIT ARRAY INFO: reservation count 3389
OS WAIT ARRAY INFO: signal count 2035
RW-shared spins 0, rounds 0, OS waits 0
RW-excl spins 0, rounds 0, OS waits 0
RW-sx spins 0, rounds 0, OS waits 0
Spin rounds per wait: 0.00 RW-shared, 0.00 RW-excl, 0.00 RW-sx
------------
TRANSACTIONS
------------
Trx id counter 11754
Purge done for trx's n:o < 11753 undo n:o < 0 state: running but idle
History list length 0
LIST OF TRANSACTIONS FOR EACH SESSION:
---TRANSACTION 283388577804944, not started
0 lock struct(s), heap size 1128, 0 row lock(s)
---TRANSACTION 283388577804168, not started
0 lock struct(s), heap size 1128, 0 row lock(s)
---TRANSACTION 283388577803392, not started
0 lock struct(s), heap size 1128, 0 row lock(s)
```

图 1-34　查询 innodb 存储引擎状态

5. Show variables

此命令用于显示 MySQL 的系统变量。具体用法为：

```
Show variables [like'条件模式']
```

子名 like 用于对结果进行筛选。图 1-35 和图 1-36 分别展示了查询所有系统变量和通过 like 关键字筛选数据目录系统变量的运行结果。

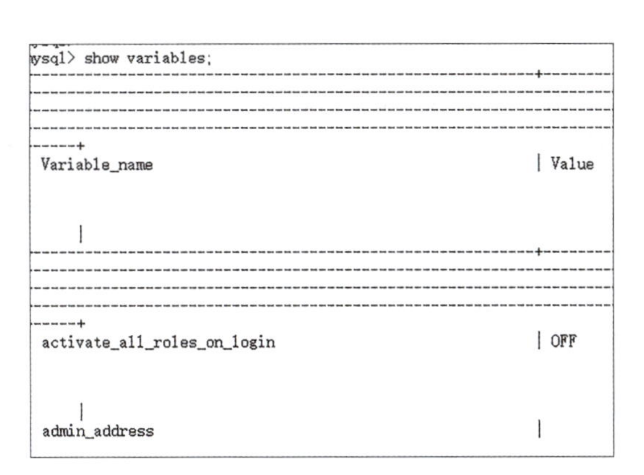

图 1-35 查询所有系统变量

```
mysql> show variables like '%datadir%';
+---------------+------------------------------------------+
| Variable_name | Value                                    |
+---------------+------------------------------------------+
| datadir       | C:\ProgramData\MySQL\MySQL Server 8.0\Data\ |
+---------------+------------------------------------------+
1 row in set, 1 warning (0.00 sec)
```

图 1-36 筛选数据目录系统变量

四、MySQL Workbench 图形管理工具的使用

MySQL Workbench 是 MySQL 官方发布的 SQL 开发与数据库管理工具，它有社区版和商业版两个版本，社区版是免费的。MySQL Workbench 可以在安装 MySQL 时选择安装，也可以直接在 MySQL 官网下载安装。

MySQL Workbench 提供的功能包括执行查询语句、查看性能报告、可视化查询计划、管理配置及检查模式、生成 ER 图、数据迁移等。MySQL Workbench 支持在 Windows、MacOS 以及 Linux 平台上安装使用，几乎覆盖了开发人员和管理人员使用的全部平台。

当安装完成后，打开软件主界面，首先新建连接，如图 1-37 所示。

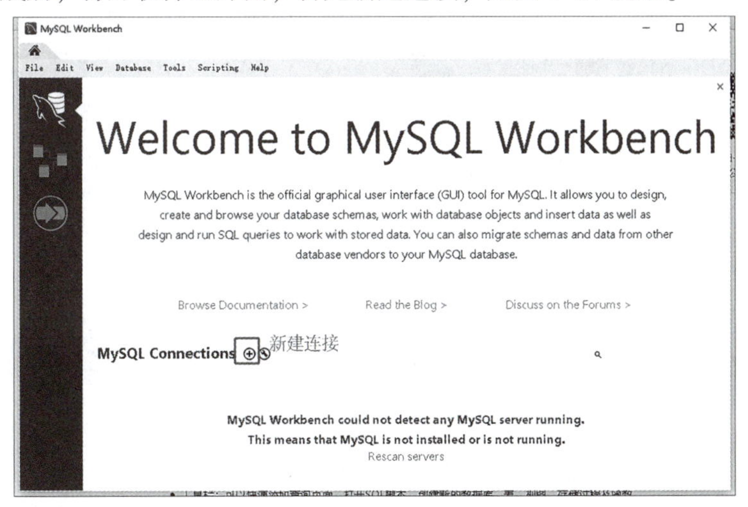

图 1-37 MySQL Workbench 新建连接

然后填写连接参数。连接参数包括连接名称、连接通信方式、服务端 IP 地址、用户名等。如图 1-38 所示，连接名称为 local，使用 TCP/IP 与服务端通信，服务端 IP 为 127.0.0.1（本机），端口为 3306（默认端口），用户名为 root（最高权限账户）。

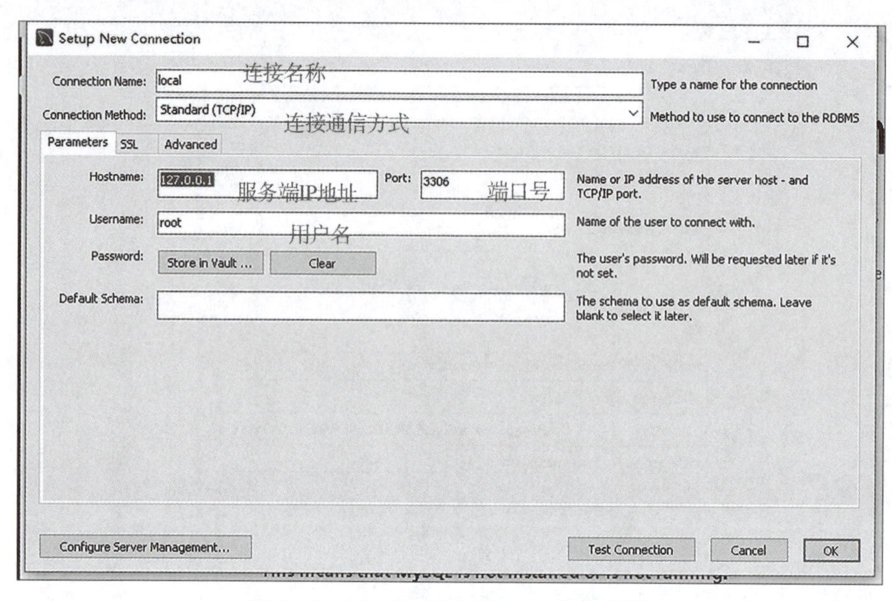

图 1-38　MySQL Workbench 连接配置

配置完连接参数后，单击下方的“Test Connection”按钮进行测试，在输入密码后，会弹出连接成功提示框，如图 1-39 所示。

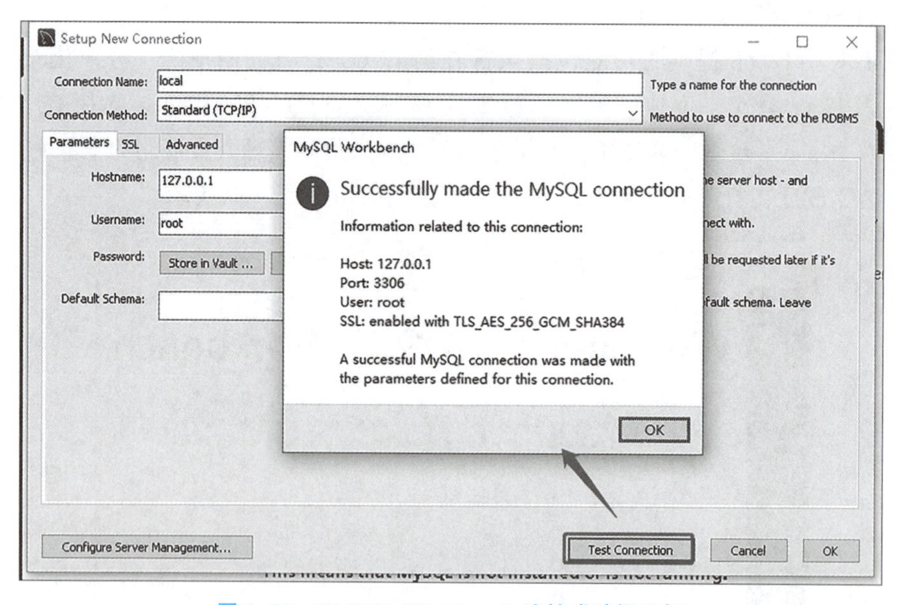

图 1-39　MySQL Workbench 连接成功提示框

单击“OK”按钮，将返回到启动主界面，此时可以看到刚才新建的连接，如图 1-40 所示。

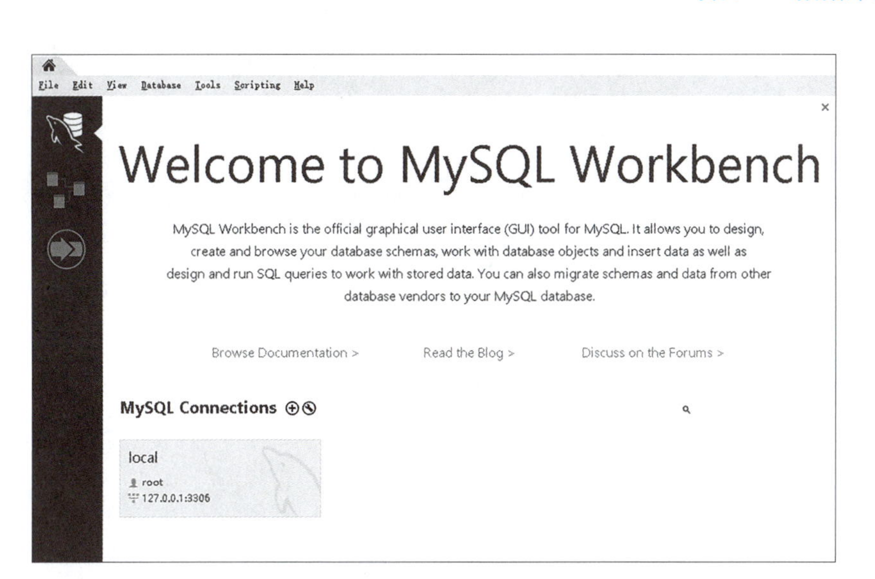

图 1-40 MySQL Workbench 主界面

打开连接后进入管理主界面，如图 1-41 所示。界面中分为多个区域，顶部为菜单栏、工具栏。左侧为“管理工具”标签页和“数据库列表”标签页，右侧区域为 SQL 代码编辑区。

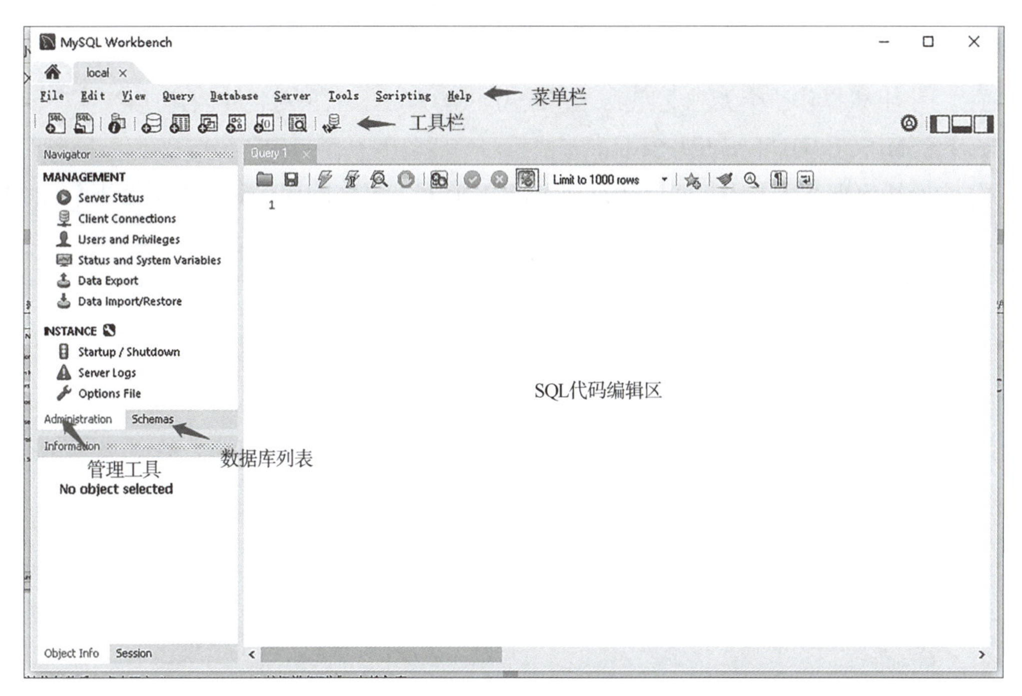

图 1-41 MySQL Workbench 管理主界面

单击“Schemas”标签按钮，可以看到 MySQL 服务里的数据库和数据表。如图 1-42 所示，展示了连接 MySQL 的有 assignment、blog 数据库，其中，blog 数据库中包含了 comments、messages 等数据表。

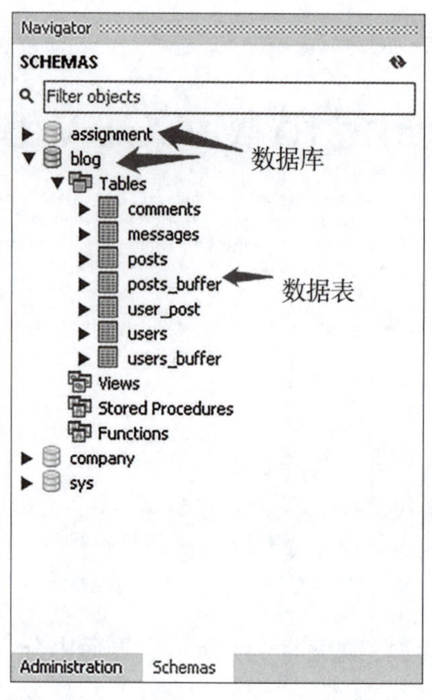

图 1-42　MySQL Workbench 中 Schemas 标签视图

【任务实施】

任务 1：上机操作，个人独立完成。完成 MySQL Workbench 安装并创建连接。

1. 下载 MySQL Workbench 并安装。
2. 打开 MySQL Workbench 并连接本地 MySQL 服务，将你的连接参数填写至表 1-14 中。

表 1-14　连接参数

Connection Name（连接名）	
Connection Method（连接方式）	
Hostname（主机名）	
Port（端口）	
Username（用户）	

3. 在 SQL 编辑区，输入相应语句并执行，并将输出结果填写至表 1-15 中。

表 1-15　输出结果

Select version( )	
Select user( )	
Select database( )	

任务 2：MySQL 命令练习

1. 使用两种 MySQL 命令连接至本机 MySQL 服务，将命令行填写至表 1-16。

表 1-16　命令行

方法 1	
方法 2	

2. 将以下 SQL 代码录入并保存为 c:/course. sql 文件，使用 MySQL 命令执行，将执行语句和执行后的输出结果填写至表 1-17 中。

```
USE student;
CREATE TABLE IF NOT EXISTS tb_course(
    id int auto increment primary key,
     cid varchar(20) not null,
     cname varchar(20) not null
) ENGINE=innodb;
show tables;
```

表 1-17　执行语句和执行后的输出结果

执行语句	
输出结果	

3. 查询你本机 MySQL 服务的数据目录，将查询语句和查询结果填写至表 1-18 中。

表 1-18　查询语句和查询结果

查询语句	
查询结果	

4. 查询本机的数据库及数据表，根据表 1-19 中的要求，将查询语句填入。

表 1-19　查询语句

查询所有数据库	
切换至 Student 库	
查询所有数据表	

5. 使用 show 命令，查询 student 库 tb_course 表的生成语句，将命令和输出结果填写至表 1-20 中。

表 1-20　命令和输出结果

查询语句	
输出结果	

【任务拓展】

phpMyAdmin 的使用

phpMyAdmin 是使用 PHP 编写的，以网页方式管理 MySQL 数据库的一个开源管理工具。使用 phpMyAdmin 可以在网页中方便地输入 SQL 语句，尤其是要处理大量数据的导入和导出时尤为方便。其中一个更大的优势在于，由于 phpMyAdmin 跟其他 PHP 页面一样在网页服务器上执行，可以远程管理 MySQL 数据库，方便地建立、修改、删除数据库和表。

phpMyAdmin 的功能非常全面，包括数据库管理、数据对象管理、用户管理、数据导入导出、数据库管理、数据管理等，下面将对几个重要的管理功能进行详细介绍。

1. 数据库管理

登录后进入 phpMyAdmin 的主页面，在主页面中，phpMyAdmin 列出了当前数据库的一些基本信息，包括数据库版本、连接方式、连接用户、MySQL 字符集等，可以在主页面选择创建一个新的数据库，或者在窗口的左边下拉列表框中选择一个已经存在的数据库。在窗口的下方，列出了一些常用管理功能，其中包括进程管理、用户管理、数据导入导出、存储引擎管理等。

图 1-43 显示的是在主页面中创建一个新数据库。首先，输入要创建的数据库名字，选择数据库的字符集；然后，单击“创建”按钮即可成功创建一个新的数据库。

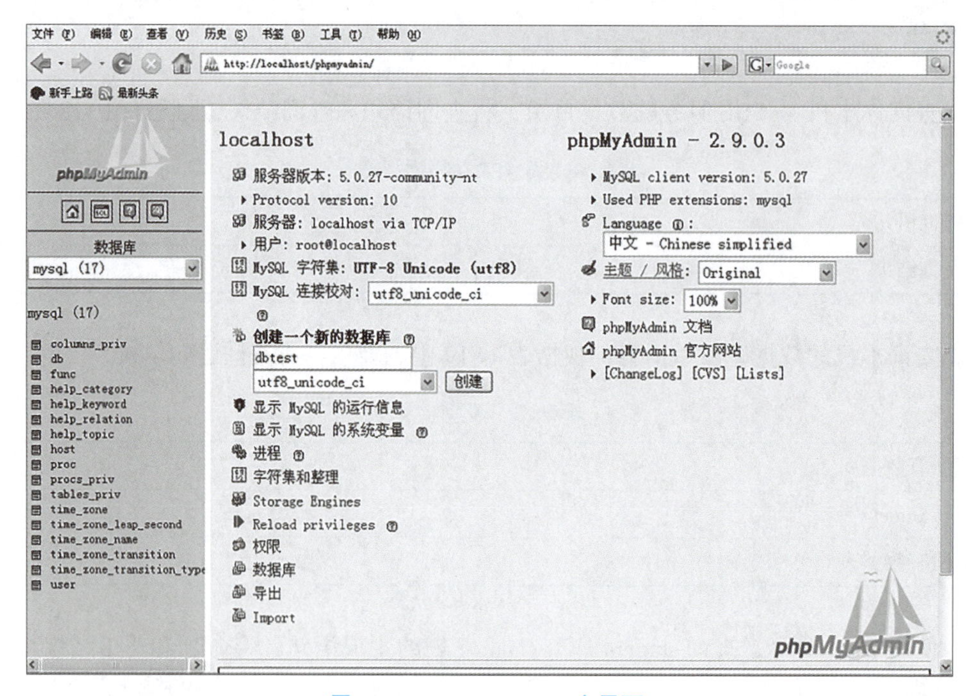

图 1-43　phpMyAdmin 主界面

从图 1-43 中可以看到，在窗口的左边选择了 MySQL 数据库，下拉列表框下方列出了 MySQL 数据库中的数据库对象，括号中的数字“17”表示 MySQL 数据库中包含的数据库对象的数量。如果需要查看数据库对象的详细情况或者数据库对象保存的数据，则可以直接选择该数据库对象，打开对应的数据库对象的窗口。

数据库的创建和选择都可以在主页面上完成，如果需要删除数据库，则需要进入数据库对象管理的页面中，在菜单的最后一项选择 DROP 命令可以删除当前选择的数据库。注意，删除数据库操作会删除该数据库包含的所有数据库对象，删除之前最好确保已有备份。

2. 数据库对象管理

在主页面完成创建数据库的操作或者在主页面选择已经存在的数据库后，可以进入表的管理、维护界面，进行表的创建、更新、删除等管理维护工作。

图 1-44 显示了一个标准的数据库对象管理页面，在窗口的左边选择了表 test，那么在窗口的右边就可以看到该表的表结构、索引情况、空间使用的情况等详细信息，同时，可以对表的结构、索引进行修改。

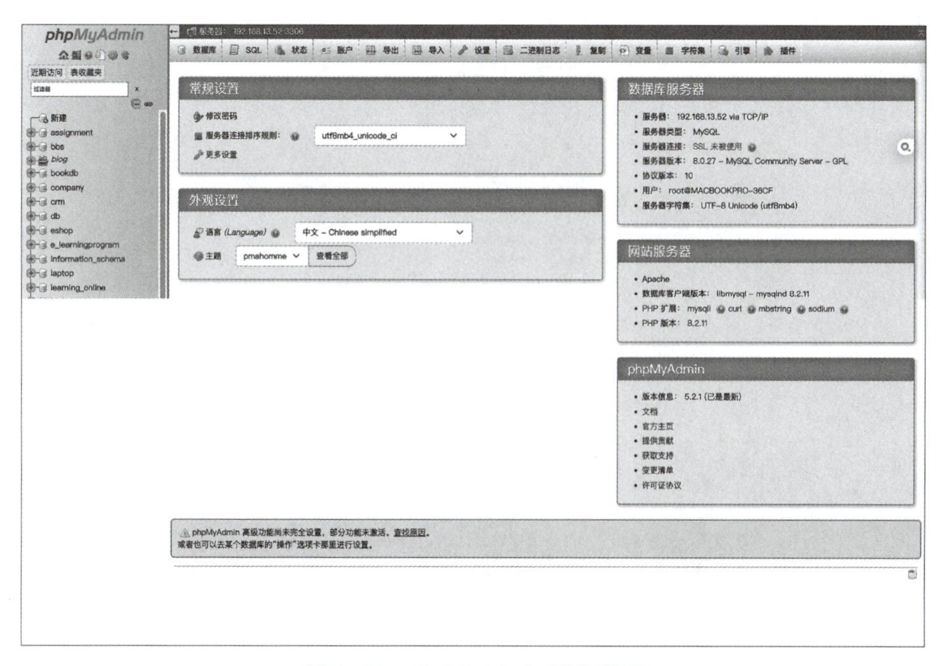

图 1-44　phpMyAdmin 操作界面

这些操作都和实际执行命令行操作所完成的功能是相同的，不同的是，使用图形界面可以大大方便修改的过程，屏蔽因为语法错误带来的相关问题。

在页面的最上方，可以看到所有数据库对象管理能够完成的操作，包括直接执行 SQL 语句、插入记录、导出导入数据、表分析、表检查、清空表、删除表等，这里不再对这些页面进行逐一介绍，建议读者对每个功能都进行简单的测试，便于在以后的开发维护中能够更加熟练地使用这些功能。

3. 权限管理

在主页面中单击“权限”链接即可以进入权限管理界面。在权限管理功能中，phpMyAdmin 实现了添加用户、删除用户、对新老用户权限进行修改和设置等功能。

图 1-45 显示的是 phpMyAdmin 添加新用户时的操作界面，使用者可以在添加用户时设置密码、分配各项数据库权限、指定用户可以访问的数据库等信息。另外，在窗口的最下

方，还可以设置每个用户每个小时最多的查询、更新、连接的次数等，便于数据库管理员在多用户的数据库中合理地分配数据库资源。

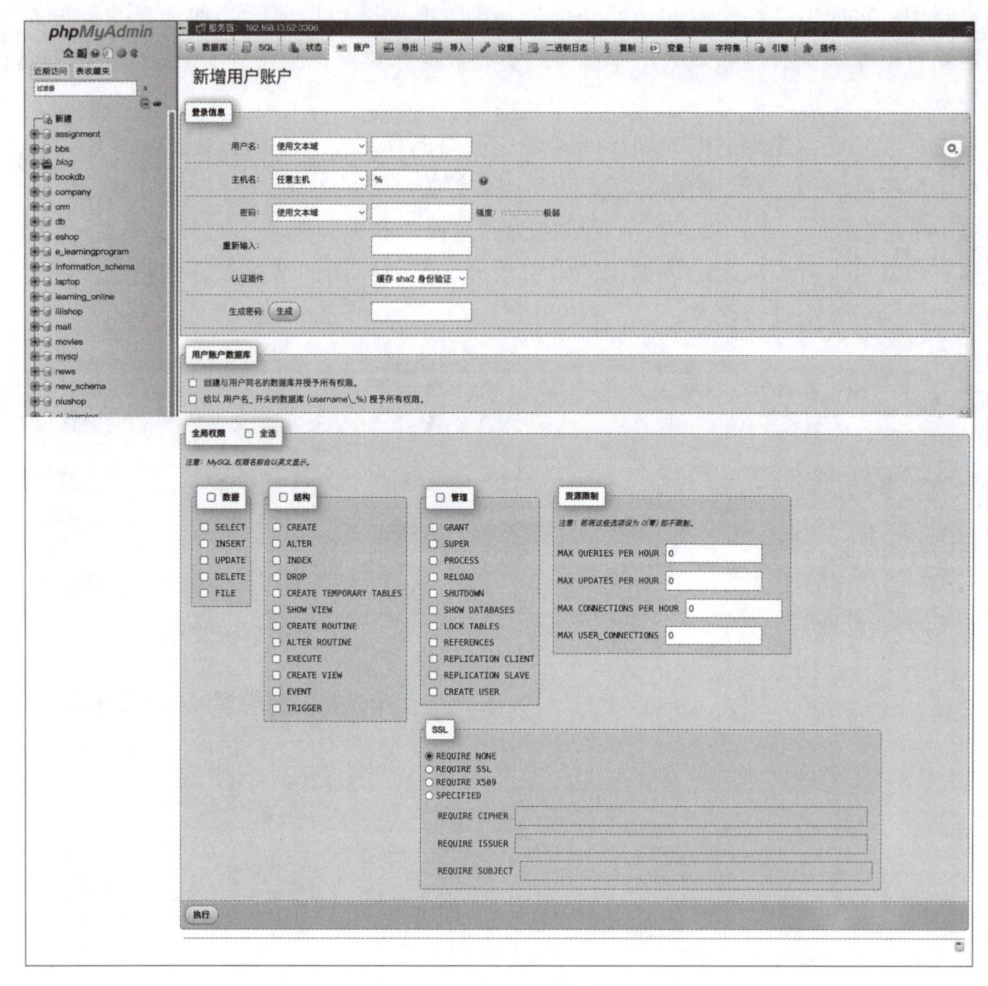

图 1-45　phpMyAdmin 用户操作界面

4. 导入导出数据

数据的导入导出是数据库管理工具一项非常重要的功能，phpMyAdmin 提供的导入导出功能也比较完善，支持导出成 CSV、Excel、Text、PDF、SQL 等多种格式，SQL 兼容性允许导出其他数据库语法的 SQL 语句，支持的数据库包括 DB2、Oracle、SQL Server、MaxDB、PostgreSQL 等，为数据在异构数据库间的迁移提供了便利。

进入主页后，单击“导出”按钮后，进入数据导出页面，导出页面如图 1-46 所示，使用者在导出数据时，需要先选择导出的数据库，再选择导出的数据格式，然后根据导出数据格式设置相应的选项，最后单击“执行”按钮完成数据导出。

导入数据的操作也非常简单。从主页进入导入数据管理界面后，在图 1-47 中单击“浏览”按钮，选择用户要导入的文件，然后单击“执行”按钮，即可完成导入操作。

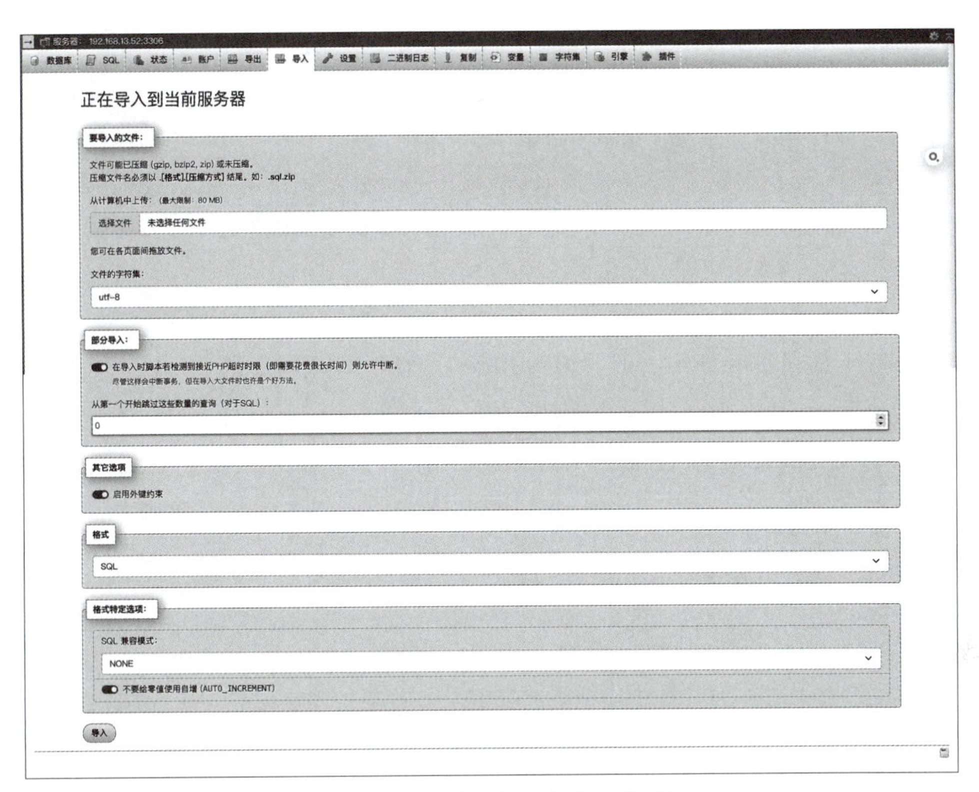

图 1-46 phpMyAdmin 数据导出界面

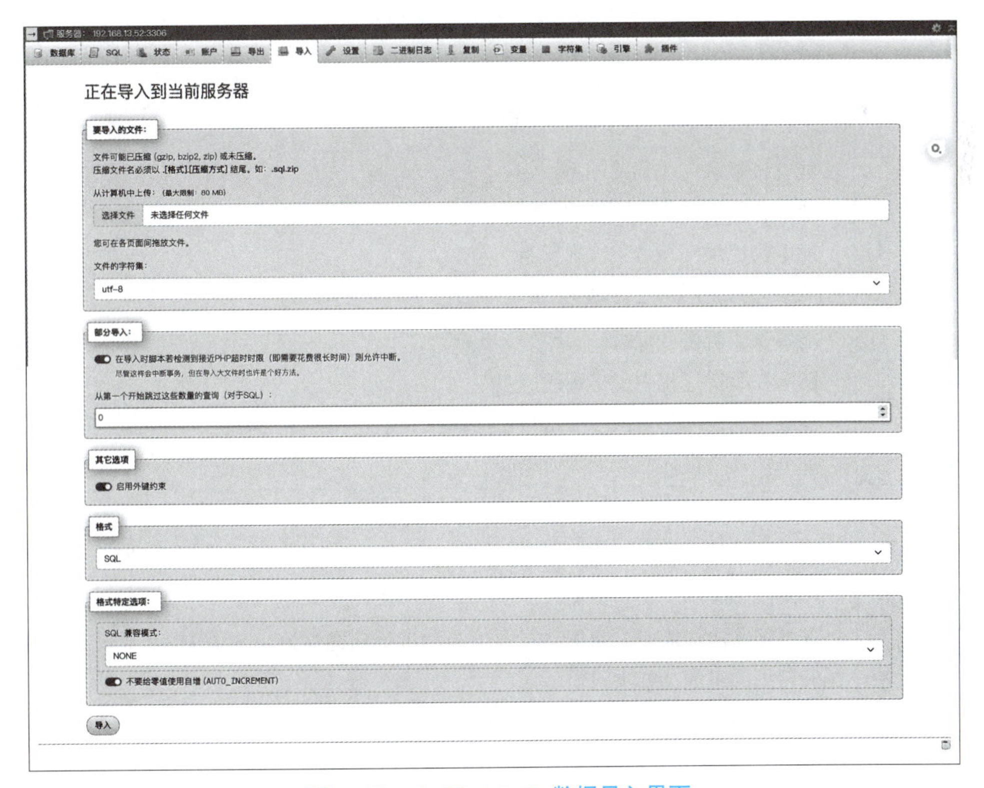

图 1-47 phpMyAdmin 数据导入界面

【任务评价】

1. 自我评估与总结

（1）本次课你学习并掌握了哪些知识点？

____

____

____

____

（2）你在下载和安装 MySQL 时，遇到了哪些困难？如何解决？

____

____

____

____

（3）谈谈你的心得体会。

____

____

____

____

2. 课堂自我评价（表 1–21）

表 1–21　课堂自我评价

<table>
<tr><td>班级</td><td colspan="2"></td><td>姓名</td><td></td><td>填写日期</td><td></td></tr>
<tr><td>#</td><td>项目</td><td colspan="3">评价要点</td><td>权重</td><td>得分</td></tr>
<tr><td>1</td><td>课前预习</td><td colspan="3">能够按要求完成课前预习。
能够仔细阅读教材资料并记录。
能够提出疑问并自主检索资料。
能够与同组同学进行讨论。</td><td>20</td><td></td></tr>
<tr><td>2</td><td>课中任务学习</td><td colspan="3">能够认真听讲并记录。
能够在听讲过程中提出疑问。
能够与同组同学讨论并提出自己的观点。
能够认真听讲并回答老师的提问。</td><td>20</td><td></td></tr>
<tr><td>3</td><td>课中任务实施</td><td colspan="3">能够仔细听讲并完成实施任务。
能够正确填写实施报告。
能够与同组同学互相讨论并帮助同组成员解决问题。</td><td>40</td><td></td></tr>
<tr><td>4</td><td>职业素养</td><td colspan="3">具备团队协作能力，能主动与同组同学进行问题讨论，并协调和帮助同组成员解决问题。
具备开源精神与思想，遵守开源相关规范。
具备爱国之心，具有社会主义主人翁意识。</td><td>20</td><td></td></tr>
</table>

任务四　数据库设计实战

【任务目标】

1. 理解数据模型概念。
2. 掌握 E-R 图绘制方法。
3. 掌握 Power Designer 软件的使用。

【任务描述】

某学校希望开发一套小型教务管理系统，实现对学校各系部、教师、学生及课程进行信息数字化管理。

请你帮助他们完成系统数据分析，并实现学生选课模块、考试成绩模块的数据模型设计和绘制 E-R 模型图（图 1-48）。

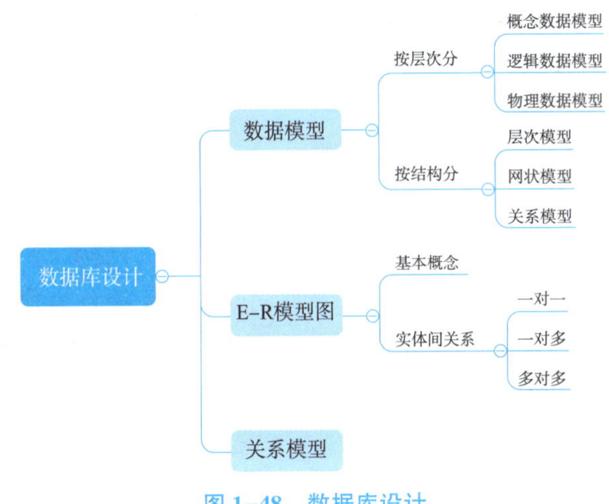

图 1-48　数据库设计

【知识准备】

一、数据模型的概念

数据模型是对现实世界中数据特征及数据之间联系的抽象。它从抽象层次上描述了系统的静态特征、动态行为和约束条件，为数据库系统的信息表示与操作提供一个抽象的框架。

由于计算机不可能直接处理现实世界中的具体事物，所以现实世界中的事物必须先转换成计算机能够处理的数据，即数字化，把具体的人、物、活动、概念等用数据模型来抽象表示和处理。所以数据模型是实现数据抽象的主要工具。

数据模型是数据库系统的核心和基础，决定了数据库系统的结构、数据定义语言和数据操作语言、数据库设计方法、数据库管理系统软件的设计和实现。它也是数据库系统中用于信息表示和提供操作手段的形式化工具。

二、数据模型的分类

数据模型按不同的应用层次分成三种类型，分别是概念数据模型、逻辑数据模型、物理数据模型。

概念数据模型是一种描述数据、概念和实体之间关系的抽象模型。概念数据模型有助于帮助开发团队理解业务需求，为数据库设计提供基础，与具体的数据管理系统无关。概念数据模型必须换成逻辑数据模型，才能在 DBMS 中实现。

在概念数据模型中最常用的是 E-R 模型。

逻辑数据模型，是一种面向数据库系统的模型，是具体的 DBMS 所支持的数据模型，如网状数据模型、层次数据模型等。此模型既要面向用户，又要面向系统，主要用于数据库管理系统（DBMS）的实现。

物理数据模型，是一种面向计算机物理表示的模型，描述了数据在存储介质上的组织结构，它不但与具体的 DBMS 有关，还与操作系统及硬件有关。每一种逻辑数据模型在实现时都有其对应的物理数据模型。DBMS 为了保证其独立性与可移植性，大部分物理数据模型的实现工作由系统自动完成，而设计者只设计索引、聚集等特殊结构。

三、关系型数据的概念

数据发展过程中产生过三种基本的数据模型，它们是层次模型、网状模型和关系模型。这三种模型是按其数据结构而命名的。前两种采用格式化的结构。在这类结构中，实体用记录型表示，而记录型抽象为图的顶点。记录型之间的联系抽象为顶点间的连接弧。整个数据结构与图相对应。其中，层次模型的基本结构是树形结构；网状模型的基本结构是一个不加任何限制条件的无向图。关系模型为非格式化的结构，用单一的二维表的结构表示实体及实体之间的联系。关系模型是目前数据库中常用的数据模型。

层次模型：将数据组织成一对多关系的结构，用树形结构表示实体及实体间的联系。

网状模型：用连接指令或指针来确定数据间的网状连接关系，是具有多对多类型的数据组织方式。

关系模型：以记录组或数据表的形式组织数据，以便于利用各种实体与属性之间的关系进行存储和变换，是建立空间数据和属性数据之间关系的一种非常有效的数据组织方法。关系模型是目前主流数据库数据模型。

关系模型将数据以表格形式存储起来，其中，“行”即为数据，“列”为数据的属性。一个“关系”就是一张二维表。

关系模型的基本术语如下。

①关系：一个二维表就是一个关系。

②元组：二维表中的一行，即表中的记录。

③属性：二维表中的一列，用类型和值表示。

④域：每个属性取值的变化范围，如性别的域为{男，女}。

关系中的数据约束如下。

①实体完整性约束：约束关系的主键中，属性值不能为空值。

②参照完整性约束：关系之间的基本约束。

③用户定义的完整性约束：反映了具体应用中数据的语义要求。

表 1-22 即保存了“学生信息关系”。其包括 3 列，即保存了学生的 3 种属性，其包括 3 行即对应 3 名学生的信息。

表 1-22　学生信息关系表

姓名	年级	家庭地址
张三	2000	成都
李四	2000	北京
王五	2000	上海

在关系模型中，还有另一个重要概念：“关系”之间的关系。为了更好地理解“关系”一词，可以使用“实体”代替。因为数据表（关系）即为现实世界实体的抽象。

在关系模型中，实体之间包括三种关系：一对一、一对多和多对多。

一对一关系：描述的是实体与实体之间一一对应的关系。如一个用户，只有一个身份证信息，一个身份证对应一个用户，并不存在一个身份证对应多个用户，或者一个用户对应多个身份证的问题。

一对多关系：例如，一个班级包含了多个学生，但是一个学生只能在一个班级中。

多对多关系：例如，一个学生可以选修多门课程，一门课程可以被多个学生选修，这种情况下，我们称之为多对多关系。

以上 3 种实体关系将在后续数据表设计任务中予以应用，以实现在数据存储时体现（保存）相关关系。

四、E-R 图的概念

数据模型是现实世界中数据特征的抽象。数据模型应该满足三个方面的要求：

（1）能够比较真实地模拟现实世界。

（2）容易为人所理解。

（3）便于计算机实现。

概念数据模型也称信息模型，它以实体-联系（Entity-Relationship，E-R）理论为基础，并对这一理论进行了扩充。它从用户的观点出发对信息进行建模，主要用于数据库的概念级设计。

通常人们先将现实世界抽象为概念世界，然后再将概念世界转为机器世界。换句话说，就是先将现实世界中的客观对象抽象为实体（Entity）和联系（Relationship），它并不依赖于具体的计算机系统或某个 DBMS 系统，这种模型就是人们所说的 CDM（概念数据模型）；然后再将 CDM 转换为计算机上某个 DBMS 所支持的数据模型，这样的模型就是物理数据模型（PDM）。

CDM 是一组严格定义的模型元素的集合，这些模型元素精确地描述了系统的静态特性、动态特性以及完整性约束条件等，其中包括了数据结构、数据操作和完整性约束三部分。

（1）数据结构表达为实体和属性。

（2）数据操作表达为实体中的记录的插入、删除、修改、查询等操作。

（3）完整性约束表达为数据的自身完整性约束（如数据类型、检查、规则等）和数据间的参照完整性约束（如联系、继承联系等）。

实体和属性在形式上并无可以明显区分的界限，通常是按照现实世界中事物的自然划分来定义实体和属性，将现实世界中的事物进行数据抽象，得到实体和属性。数据抽象一般有分类和聚集两种，通过分类抽象出实体，通过聚集抽象出实体的属性。

1. 分类

定义某一类概念作为现实世界中一组对象的类型，将一组具有某些共同特性和行为的对象抽象为一个实体。

例如，“李明”是学生当中的一员，具有学生共同的特性和行为，在哪个系、学习哪个专业、年龄是多大等，这里的“学生”就是一个实体，“李明”则是学生实体的一个具体对象。

2. 聚集

定义某个类型的组成成分。将对象的组成抽象为实体的属性。

例如，学号、姓名、性别等都可以抽象为学生实体的属性。

3. 实体和属性的取舍

实体和属性是相对而言的，往往要根据实际情况进行必要的调整，在调整时，要遵守两条原则：

（1）属性不能再具有需要描述的性质，即属性必须是不可分的数据项，不能再由另一些属性组成。

（2）属性不能与其他实体具有联系，联系只发生在实体之间。

符合上述原则的事物一般作为属性对待。为了简化 E-R 图的处理，现实世界中事物的特性一般作为实体的属性。

例如，雇员实体具有编号、姓名和电话。部门实体具有部门编号、部门名称属性。雇员与部门之间是隶属的关系。

为了更好地描述实体及实体间的关系，通常使用 E-R 模型图进行可视化展示。在 E-R 模型图中，使用“矩形”表示实体，使用“椭圆”表示实体的属性，使用“菱形”表示实体间的关系，并在菱形两端标识关系的类型。

图 1-49 展示了雇员实体的 E-R 图。图中描述了雇员实体包含雇员编号、雇员姓名和电话号码 3 个属性。

图 1-50 描述了部门实体及雇员隶属于部门的关系。图中描述了部门实体，其包含部门编号和部门名称 2 个属性。

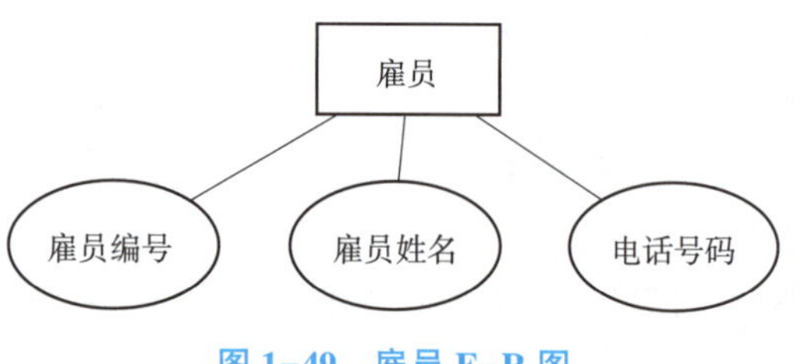

图 1-49　雇员 E-R 图

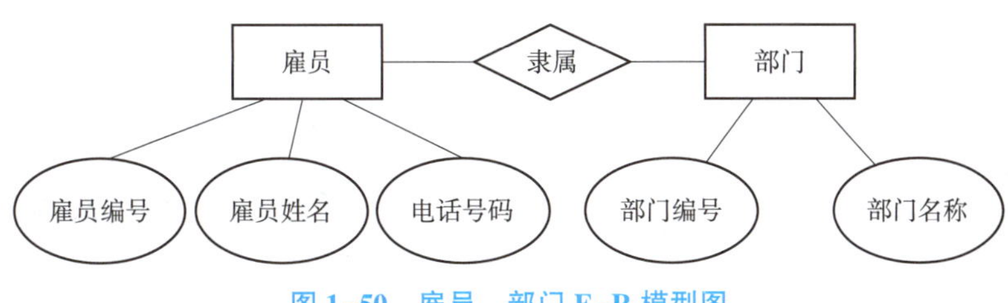

图 1-50　雇员、部门 E-R 模型图

五、数据库设计

数据库设计是根据用户需求，设计数据库结构和建立数据库的过程，是建立数据库及其应用系统的技术，是信息系统开发和建设中的核心技术。数据库设计可以分为六个阶段，分别是需求分析、概念设计、逻辑设计、物理设计、验证、运行与维护。数据库形成过程主要是需求分析阶段、概念设计阶段、逻辑设计阶段、物理设计阶段。

Power Designer 是 Sybase 公司的 CASE 工具集，是一款图形化和易于使用的集成软件分析建模工具，可用于软件系统设计和开发的业务需求分析阶段，由概念系统设计、开发和管理等相关人员的使用。

数据库建模使用 Power Designer 软件完成，主要用于完成概念模型图、逻辑模型图、物理模型图的设计，可根据物理模型生成 MySQL 数据的生成脚本。另外，使用 Power Designer 还可以生成测试数据，根据模型图生成程序代码等。

下面通过任务实施一起学习 Power Designer 软件的使用。

【任务实施】

根据任务需求描述，可以分析出系统需要保存的信息包括：

（1）系部信息：系部名称、电话。

（2）教师信息：教师编号、姓名、性别、职称。

（3）学生信息：学号、姓名、性别、年龄。

（4）课程信息：课程编号、课程名称。

以上信息还存在以下多种联系：

（1）一个学生可以选修多门课程，一门课程可为多个学生选修。

（2）一个教师可以讲授多门课程，一门课程可为多个教师讲授。

（3）一个系可有多个教师，一个教师只能属于一个系。

为了更好地理解并掌握数据库设计各阶段间的关系、教务管理系统的需求分析和对实体及实体间关系进行梳理，借助 Power Designer 软件依次创建概念数据模型 CDM、逻辑数据模型 LDM、物理概念模型 PDM，最后生成、导出适用于 MySQL 数据库的数据表。

1. 概念数据模型

概念结构设计是系统建模过程的关键阶段。概念结构设计是按用户的观点对数据和信息进行建模，把现实世界抽象为信息世界，将现实世界中客观存在的对象抽象为实体和联系。通过实体-联系图（Entity-Relationship Diagram，E-R 图）。概念数据模型（Conceptual Data Model，CDM）以 E-R 图理论为基础，并对该理论进行扩充，用于数据库概念结构设计阶段。概念数据模型独立于具体的数据库管理系统（DBMS）和计算机系统，是业务人员（用户）与分析设计人员沟通的桥梁。

根据教务管理系统的需求分析可知，系统中包括了系部、教师、学生、课程 4 个实体。实体间关系包括：系部与教师，是一对多关系；系部与学生，是一对多关系；教师与课程，是多对多关系；学生与课程，是多对多关系。最终设计出的概念数据模型如图 1-51 所示。

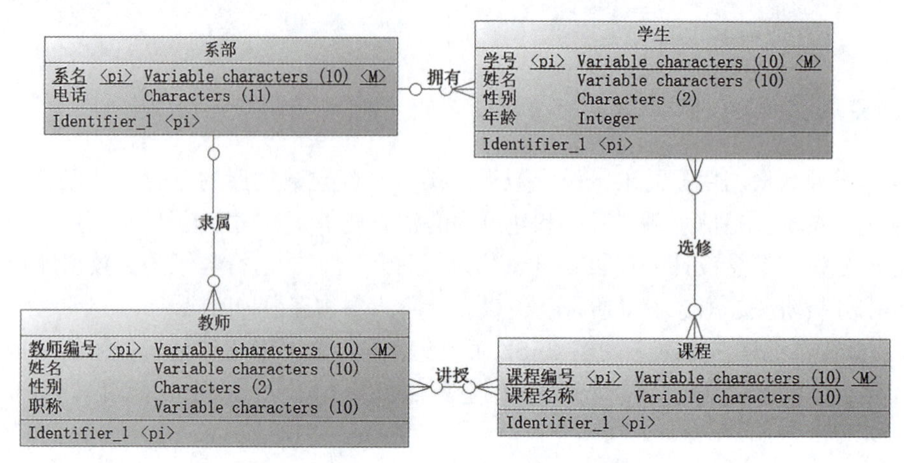

图 1-51　教务管理系统的概念模型图

操作步骤如下：

（1）单击“文件”菜单，选择新建模型子菜单，在弹出的“New Model”对话框中，单击左侧分类“Information”，在右侧分类项目中单击“Conceptual Data”（概念数据），并在下方输入模型名称，单击“OK”按钮，如图 1-52 所示。

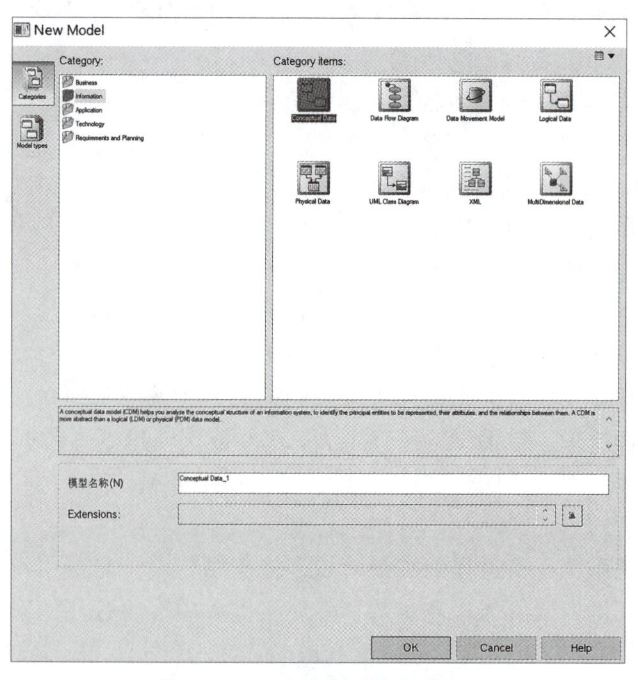

图 1-52　新建概念模型向导界面

（2）在模型窗体中，单击工具面板中的“实体”按钮后，在界面空白区域单击鼠标，实现添加一个实体。操作界面如图 1-53 所示。

（3）双击实体图标，弹出实体属性配置界面，如图 1-54 所示。

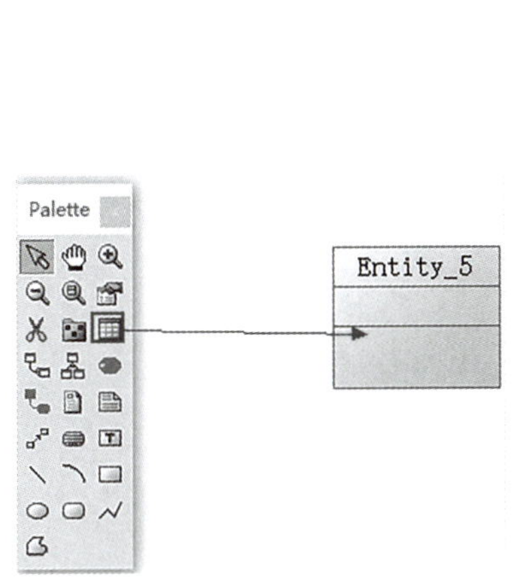
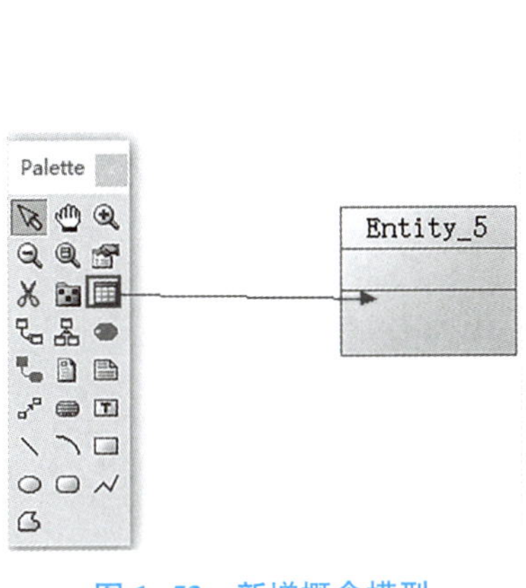

图 1-53　新增概念模型

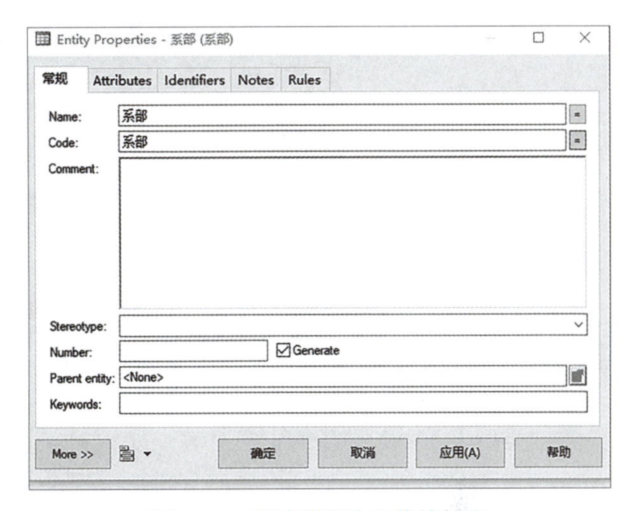

图 1-54　概念模型中实体的新建

在图 1-54 中，Name 表示实体的名称，用于界面中显示；Code 表示数据表的名称，用于后续创建数据表时使用。图 1-55 展示了实体的属性配置界面。

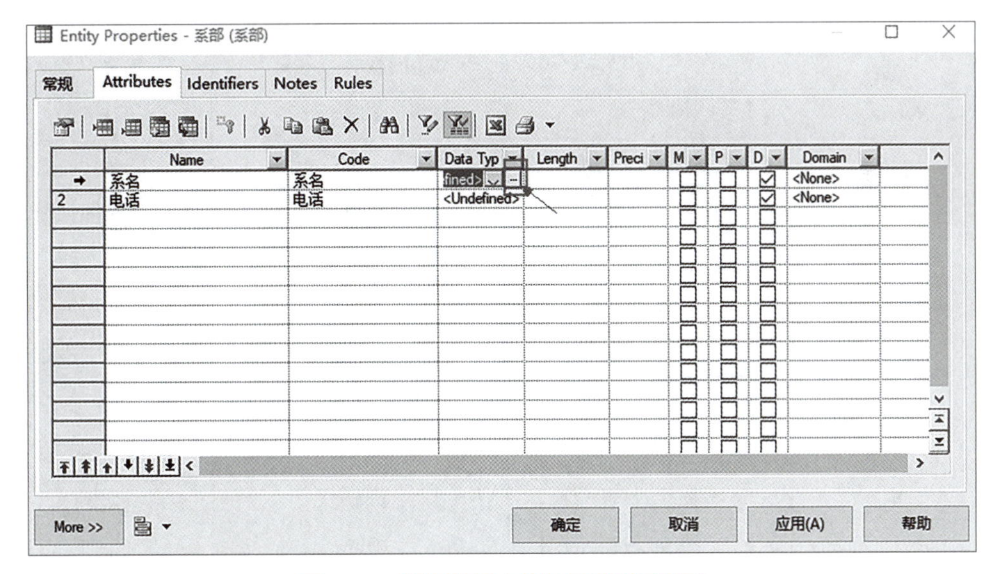

图 1-55　概念模型实体的属性配置界面

在属性配置界面中，Name 列表示属性名称，用于界面显示；Code 列表示属性的代码，用于指定后期创建表时的字段名；每行最后有 3 个复选框，M 表示值唯一，P 表示主键，D 表示是否显示；Data Type 表示数据类型，单击单元格中的省略号按钮，弹出详细配置界面，如图 1-56 所示。

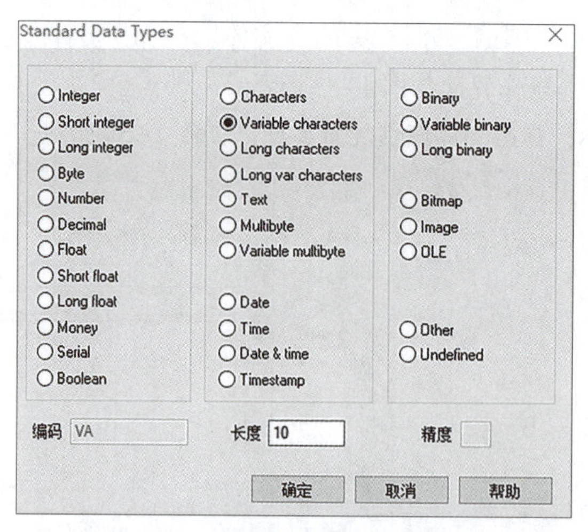

图 1-56 属性的数据类型配置界面

数据类型界面中各类型的含义见表 1-23。

表 1-23 数据类型界面中各类型的含义

类型名称	含义	类型名称	含义
Integer	整型	Long var characters	可变长字符
Short integer	短整型	Text	文本
Long integer	长整型	Multibyte	多字节字符
Byte	字节	Variable multibyte	可变多字节字符
Number	数值	Date	日期
Decimal	数字（带精度）	Time	时间
Float	浮点数	Date&time	日期时间
Short Float	短浮点数	Timestamp	时间戳
Long Float	长浮点数	Binary	二进制
Money	货币	Variable binary	可变二进制
Serial	数值	Long binary	长二进制
Boolean	布尔类型	Bitmap	位图
Characters	固定长度字符	Image	图片
Variable characters	可变长度字符	OLE	外部数据文件
Long characters	长字符	Undefined	未定义

概念模型中的数据类型与具体数据库无关，上述所有数据类型都可对应到 MySQL 中的数据类型，后期经过数据模型的不断具体化，数据类型也将更加具体。

图 1-51 中所展示的四个实体中，每个实体的第 1 个属性即为主键。各实体的主键为：

- 系部实体的主键为系部名称；

- 教师实体的主键为教师编号；
- 学生实体的主键为学生编号；
- 课程实体的主键为课程编号。

（4）单击工具面板中的图标，然后在两个实体之间进行拖放，即为实体之间创建关系。双击“关系连接线”，弹出关系详细配置界面，如图 1-57 所示。

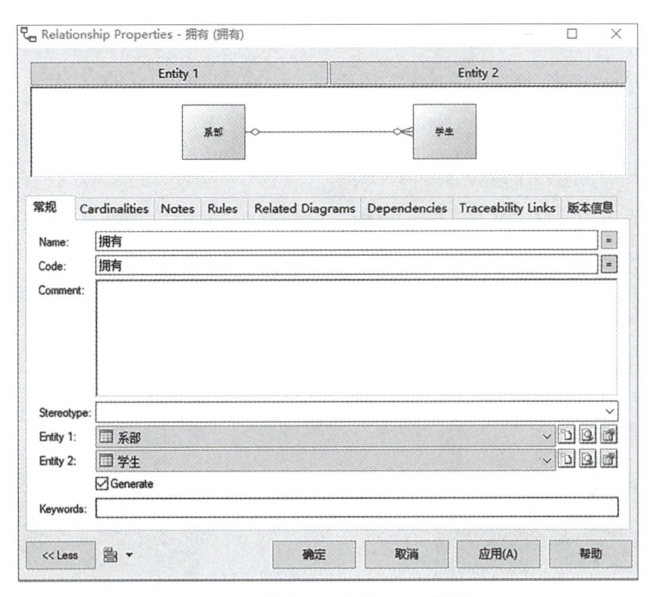

图 1-57　概念模型中关系配置界面-1

关系配置界面中，Name 表示关系的名称，用于界面显示；Code 表示关系的对象代码，用于后续创建数据表时使用。单击“Cardinalities”（基数）标签页，配置关系的类型，如图 1-58 所示。

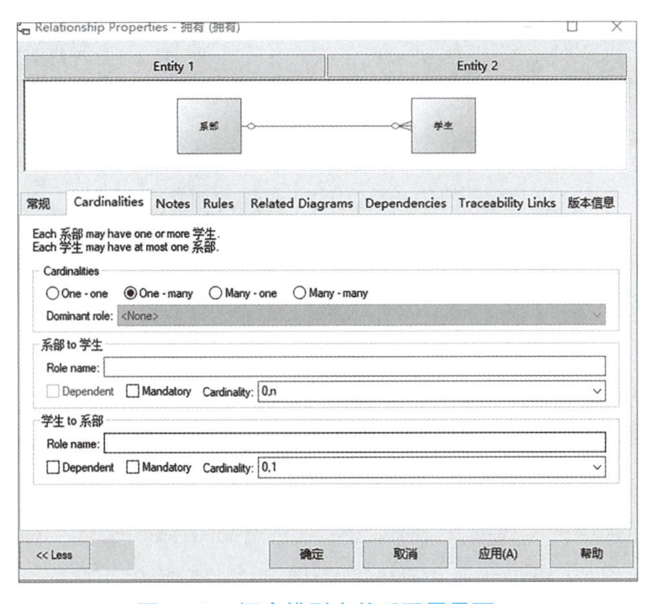

图 1-58　概念模型中关系配置界面-2

默认的关系种类为一对多关系，从图 1-58 中可以看到，在“系部”端为圆形图标，表示“one”，在“学生”端为图标，表示“many”。其余关系类型还包括一对一、多对一和多对多。

根据上述操作，继续创建系部与教师的“一对多”关系、教师与课程之间的“多对多”关系、学生与课程之间的“多对多”关系。

2. 逻辑数据模型

逻辑数据模型（Logical Data Model，LDM）表示概念之间的逻辑次序，是一个属于方法层次的模型。具体来说，逻辑模型显示了实体、实体的属性和实体之间的关系，同时，又将继承、实体关系中的引用等在实体的属性中进行展示。逻辑模型主要是使得整个概念模型更易于理解，同时又不依赖于具体的数据库实现，使用逻辑模型可以生成针对具体数据库管理系统的物理模型。

通过以上概念数据模型的分析可知，实体关系中存在 2 个多对多关系，因此，在进行逻辑数据模型设计时，应考虑新增实体模型进行存储。设计出的逻辑数据模型如图 1-59 所示。

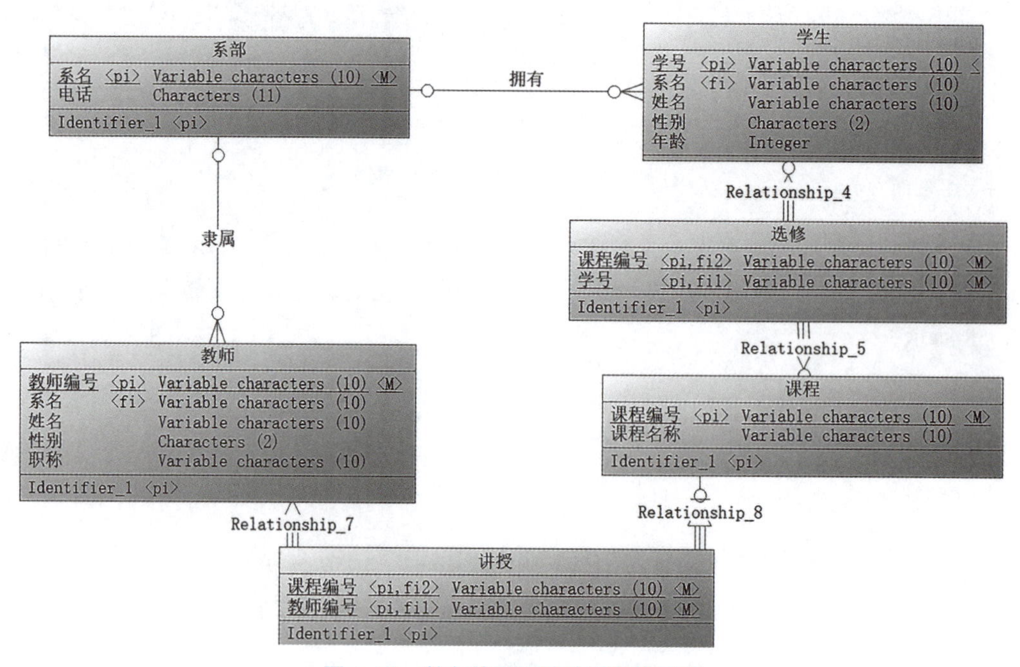

图 1-59 教务管理系统的逻辑模型图

具体操作步骤如下：

（1）单击“文件”菜单，选择“新建模型”子菜单，在新建对话框中选择“Logical Data”图标，创建逻辑模型，如图 1-60 所示。

（2）单击工具面板中的“实体”图标，在主界面中添加实体。双击实体图标，弹出实体配置界面，如图 1-61 所示。此界面与概念模型中的配置界面相同，不再阐述。

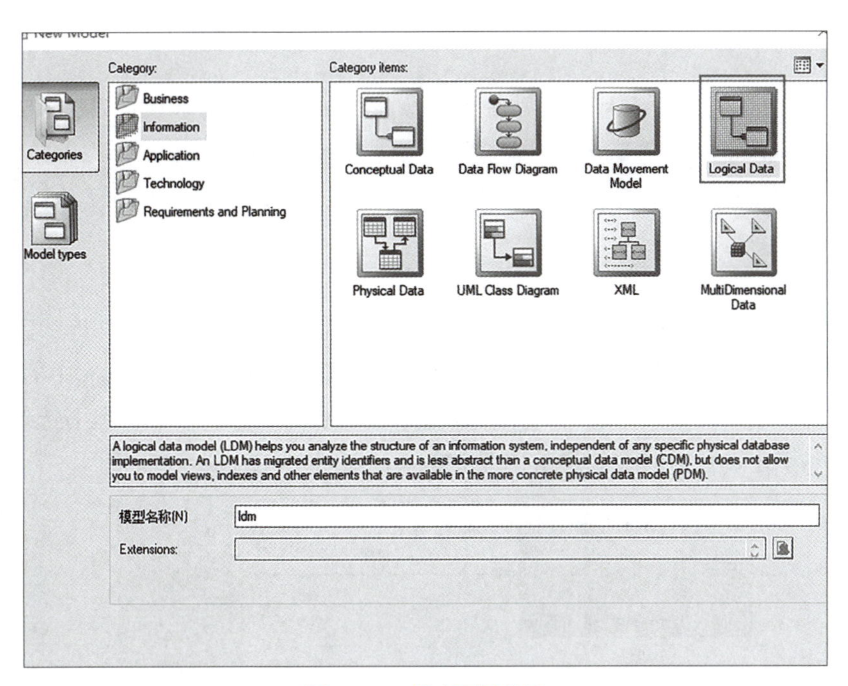

图 1-60　新建逻辑模型

图 1-61　逻辑模型中实体配置界面

根据图 1-59 所示效果，依次完成实体的添加。

（3）单击工具面板中的关系图标为实体创建关系，此图标在概念模型中只能用于创建一对一、一对多和多对一关系；创建多对多关系时，应单击工具面板中的图标。逻辑模型中关系配置界面与概念模型配置界面相同，此处不再阐述。

根据图 1-59 所示效果，为实体依次添加 4 个关系。

提示

Power Designer 提供了强大的模型图生成功能。首先打开概念模型图，然后单击“工具”中的“Generate Logical Data Model”即可快速生成逻辑模型图。

因此，在数据建模时，只要保证概念模型尽量完善，后续模型图都可以基于概念模型生成。

3. 物理数据模型

物理数据模型（Physical Data Model，PDM）是在逻辑数据模型的基础上，考虑到各种具体的实现因素，采用图形方式描述数据的物理组织，真正实现数据在数据库中的表示，从而进行数据库的体系结构设计。它与具体的数据库管理系统 DBMS 有关。本书选择 MySQL 作为数据库，基于逻辑数据模型创建出物理数据模型如图 1-62 所示。

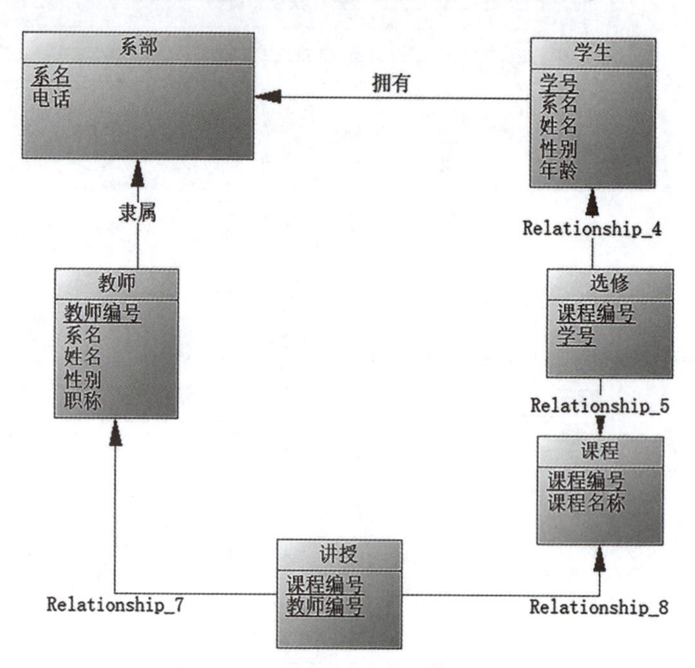

图 1-62　教务管理系统物理模型层

有了概念模型和逻辑模型的基础，物理模型可以采用直接生成的方式。

(1) 双击打开逻辑模型图。

(2) 单击“工具”菜单，选择“Generate Physical Data Model”，此时会弹出生成对话框，如图 1-63 所示。在对话框中选择数据库类型为 MySQL 5.0，并在下方输入物理模型图的名称。

在对话框中的“Detail”标签页可以进行详细配置，如图 1-64 所示。配置项包括：Table prefix，指定表名的前缀；PK Index names，指定主键的命名规则；AK index names，指定索引的命名规则；FK index names，指定外键的命名规则。以上配置规则可以使用默认值。单击“确定”按钮，则会自动生成物理模型图。

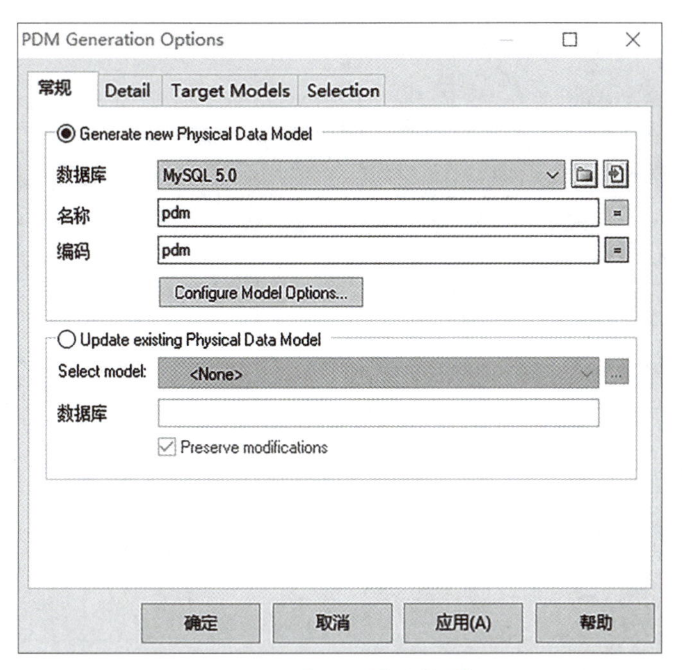

图 1-63　生成物理模型对话框-1

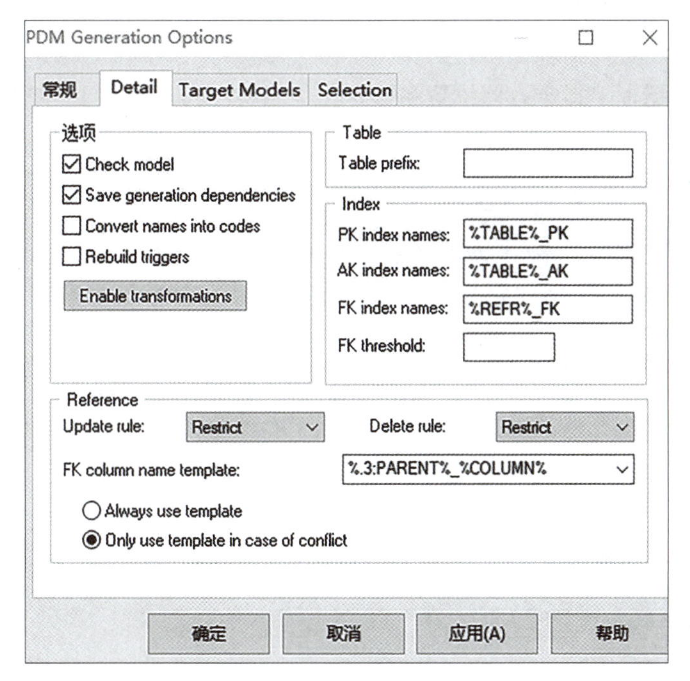

图 1-64　生成物理模型对话框-2

（3）生成的物理模型如图 1-62 所示。物理模型是面向具体数据库进行的设计，因此，实体的概念转换为数据表，实体属性的概念转换为列。双击教师表，在弹出的表属性对话框中，单击 column 列标签，可以看到各个列的类型，此类型即为 MySQL 数据库的类型，如图 1-65 所示。

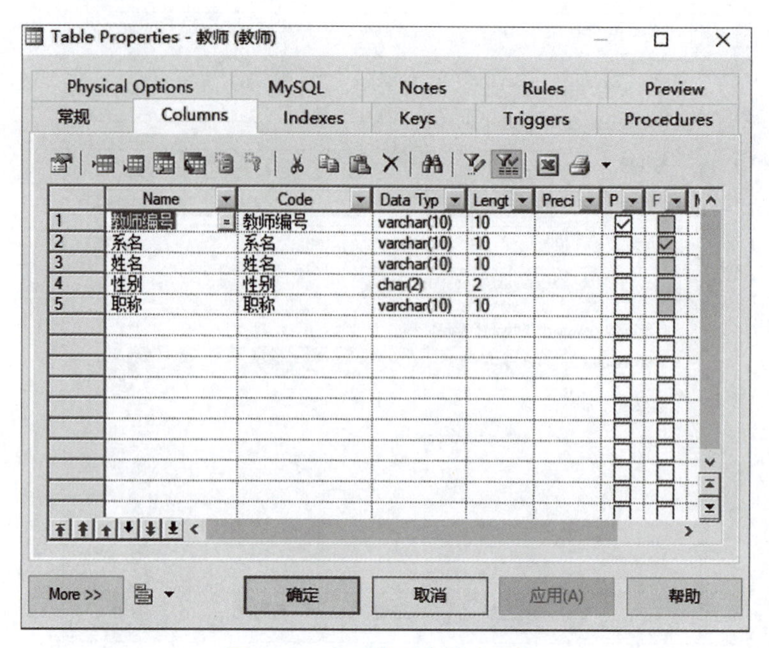

图 1-65 物理模型中的表属性

（4）生成 MySQL 数据库脚本文件。Power Designer 能够根据物理模型生成对应的数据库脚本。首先，双击打开物理模型；其次，单击“数据库”菜单，选择“生成数据库”子菜单，在弹出的对话框中指定存储位置和脚本文件名称（.sql 结尾），单击“确定”按钮。界面如图 1-66 所示。

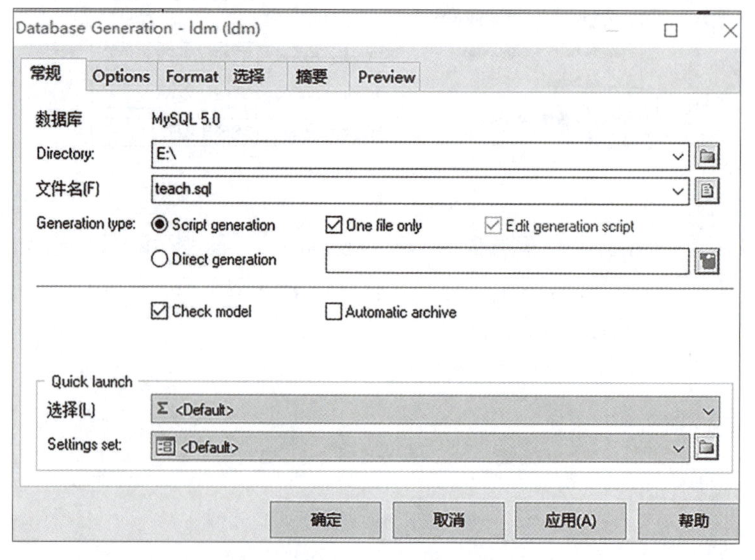

图 1-66 物理模型生成数据库脚本界面

生成后的 SQL 脚本文件是普通的文本文件，可以使用记事本软件打开，其内容是使用 SQL 语言编写的各类指令，后续章节将会学习这些 SQL 命令。效果如图 1-67 所示。

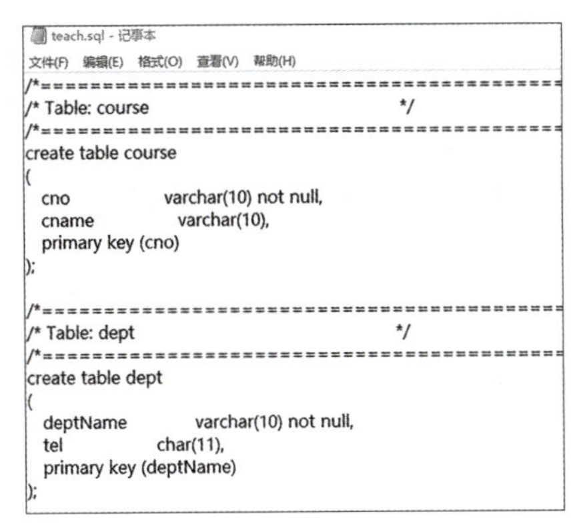

teach.sql - 记事本

文件(F)　编辑(E)　格式(O)　查看(V)　帮助(H)

```
/*==============================================================*/
/* Table: course                                                */
/*==============================================================*/
create table course
(
   cno                  varchar(10) not null,
   cname                varchar(10),
   primary key (cno)
);

/*==============================================================*/
/* Table: dept                                                  */
/*==============================================================*/
create table dept
(
   deptName             varchar(10) not null,
   tel                  char(11),
   primary key (deptName)
);
```

图 1-67　生成的 SQL 脚本文件效果

【任务实施】

任务 1：使用 Power Designer 软件完成上述数据库设计。

任务 2：绘制 E-R 图，描述“系部、学生、教师、课程”四个实体及它们之间的关系。

任务 3：简要回答上述 4 个实体之间的关系。

____

____

____

____

任务 4：写出上述 4 张数据表中的主键及外键。

____

____

____

____

【任务拓展】

什么是大数据？

大数据是指庞大、变化快和复杂的数据，这些数据无法使用传统方法进行存储处理。在近几十年互联网飞速发展的时代，各大互联网网站和系统每天都在分析访问和存储大量信息。

大数据一词是由维克托·迈尔-舍恩伯格及肯尼斯·库克耶于2008年8月中旬共同提出的。

大数据特点也可总结为Volume（大量）、Velocity（高速）、Variety（多样化）。

大量：组织从各种来源收集数据，包括交易、智能（IoT）设备、工业设备、视频、图像、音频、社交媒体等。过去，存储所有数据的成本太高，但使用Hadoop和云端存储减轻了负担。

高速：随着物联网的发展，数据以前所未有的速度流入企业，必须及时处理。RFID标签、传感器和智能仪表正在推动近乎实时地处理这些数据洪流的需求。

多样化：数据有各种格式，从传统数据库中的结构化数字数据到非结构化文本文档、电子邮件、视频、音频、股票行情数据和金融交易。

"大数据"已经渗透到人们生活中的方方面面。比如打开手机淘宝，呈现在人们面前的界面是不一样的。它推送给人们的商品是不同的，而且这些商品往往真的能够抓住人们的需求和心理，这是为什么呢？其实这就是大数据分析出的结论。

淘宝平台对每一个浏览过商品的人、购买过商品的人都进行了全数据分析，可以轻松获取很多信息。例如，性别、年龄、家庭成员、喜好、是否结婚、是否有孩子、孩子的性别，甚至可以细致到你是爱穿休闲类的服饰，还是喜欢小清新类的服饰，或者是职业装类的服饰等。

通过你的每一次操作，收集到这些数据之后，它经过分析和处理，进一步推测出你可能会订购的商品，从而推送给你，让你花更少的时间检索，但要花更多的钱进行消费。例如，你购买了一些孕妇类产品，可能在不久之后，它就会推送相关联的一些婴儿用品给你。而我们消费后的评价与反馈，又使得他们不断改进自己。例如，不同卖家的钻石星级，或者清退一些不合格的卖家等这些行为，就是淘宝对自身的调整。

【任务思政】

大数据助力新冠疫情防控

2019年年底至今，新型冠状病毒感染疫情席卷全国。在大数据和智能技术蓬勃发展的今天，如何利用大数据技术来实现预防疫情、协助医疗机构发现传染源、提高医院诊疗效率呢？从利用舆情大数据预警疫情、利用监控网络发现传染源、利用大数据助力分级诊疗这三个方面入手，一起探索大数据技术在对抗疫情方面的功用。

1. 利用舆情大数据预警疫情

舆情监控是大数据技术的一个重要应用领域，而舆情监控也可以作为预警疫情的重要手段。对网络舆情的监控能够帮助公共卫生部门预警潜在疫情，从而未雨绸缪，避免疫情更大范围地传播。譬如，有关部门可以在互联网上实时监控"发热""高烧""咳嗽""流感""传染"等词汇的出现频率。如果在一段时期内，上述与疾病相关的词汇出现频率在某个地区快速增加，那么这个地区爆发大规模传染病疫情的风险也会增大。有关部门通过互联网热词的增加频率，可以大致判断潜在传染病疫情的种类，进而及时制定疫情防控和诊疗措施。谷歌公司和美国疾控中心联合开发的"谷歌流感趋势"即为通过大数据技术预警疫情的典型案例，

该系统在2007—2008年曾比美国疾控中心提前两周预报了流感发病率。当然，要提高利用大数据技术预警疫情的效能，还需结合人工智能算法，不断改进大数据疫情预警技术。

2. 利用监控网络发现传染源

数据技术依赖于广布社会中的各种传感器，尤其是监控摄像头。通过对社会影像监控资料的大数据分析和智能化运算，可以及时发现传染源，预警高危人群。首先，如果社会影像监控资料发现大量患者都曾出现在同一地点，那么该地点很可能是疫情的源头。本次肺炎疫情中的华南海鲜市场就是通过这样的逻辑确定的。当然，可以肯定的是，利用社会影像监控大数据资料锁定疫情源头，应当比直接询问患者更加快速、准确。其次，如果通过社会影像监控资料和人脸识别技术等，发现大量患者都曾与同一名患者接触，那么这名患者就有可能是“超级传播者”，应尽快对其采取隔离治疗措施。最后，通过社会影像大数据资料，可以及早锁定与患者接触的人群，便于预警、监控、隔离观察和及早治疗。譬如，如果某家店铺的店主和店员都是患者，那么在特定时期内光顾这家店铺的顾客都存在感染风险，应及时向他们发送感染预警，建议他们观察自己的身体状况，如有不适，及早就医。

3. 利用大数据助力分级诊疗

在医疗资源有限而患者较多的情况下，利用大数据技术进行分级诊疗能够更高效地配置医疗资源。各级社区医院、卫生站、医院在收治疫情患者时为患者建立电子档案，医疗卫生机构通过大数据智能分析系统对患者进行聚类分析，从而划分出危重患者、重症患者和轻症患者组群，将有限的医疗资源优先配置给危重患者和重症患者，这样就可以最大限度地提高诊疗效率。可以确定，相比传统的分散的手工登记，利用统一的大数据分级诊疗平台将使分级诊疗效率指数级提升。

中国在此次疫情防控工作中展现出了更高的医疗救治水平、更快的防疫反应速度、更透明的信息披露机制、更迅速的数据报送体系，同时，将大数据等新一代创新科技广泛应用于疫情追踪溯源、路径传播、发展模型预测、资源调配等领域，也体现了我国科技水平的发展进入了全新阶段。

【任务评价】

1. 自我评估与总结

（1）本次课你学习并掌握了哪些知识点？

____

____

____

____

（2）你在数据库设计时，遇到哪些问题？是如何解决的？

____

____

____

____

（3）谈谈你的心得体会。

____

____

____

____

2. 课堂自我评价（表 1-24）

表 1-24 课堂自我评价

班级		姓名		填写日期	
#	项目	评价要点		权重	得分
1	课前预习	能够按要求完成课前预习。 能够仔细阅读教材资料并记录。 能够提出疑问并自主检索资料。 能够与同组同学进行讨论。		20	
2	课中任务学习	能够认真听讲并记录。 能够在听讲过程中提出疑问。 能够与同组同学讨论并提出自己的观点。 能够认真听讲并回答老师的提问。		20	
3	课中任务实施	能够仔细听讲并完成实施任务。 能够正确填写实施报告。 能够与同组同学互相讨论并帮助同组成员解决问题。		40	
4	职业素养	具备团队协作能力，能主动与同组同学进行问题讨论，并协调和帮助同组成员解决问题。 具备开源精神与思想，遵守开源相关规范。 具备爱国之心，具有社会主义主人翁意识。		20	

【任务巩固】

1. 数据库设计的概念设计阶段常用方法和描述工具是（　　）。

A. 层次分析法和层次结构图　　B. 数据流程分析法和数据流程图

C. 实体联系方法　　D. 结构分析法和模块结构图

2. 设计关系模式是数据库设计中（　　）的任务。

A. 逻辑设计阶段　B. 概念设计阶段　C. 物理设计阶段　D. 需求分析阶段

3. 构造出合适的数据逻辑结构是（　　）主要解决的问题。

A. 物理结构设计　B. 数据字典　C. 逻辑结构设计　D. 关系数据库查询

4. 概念结构设计是整个数据库设计的关键，它通过对用户需求进行综合、归纳与抽象，形成一个独立于具体 DBMS 的（　　）。

A. 数据模型　B. 概念模型　C. 层次模型　D. 关系模型

5. 数据库设计中，确定数据库存储结构，即确定关系、索引、聚簇、日志、备份等数

据的存储安排和存储结构，这是数据库设计的（　　）。

A. 需求分析阶段　B. 逻辑设计阶段　C. 概念设计阶段　D. 物理设计阶段

6. 数据库物理设计完成后，进入数据库实施阶段，下述工作中，（　　）一般不属于实施阶段的工作。

A. 建立库结构　B. 系统调试　C. 加载数据　D. 扩充功能

7. 数据库设计可划分为六个阶段，每个阶段都有自己的设计内容，“为哪些关系，在哪些属性上建什么样的索引”这一设计内容应该属于（　　）阶段。

A. 概念设计　B. 逻辑设计　C. 物理设计　D. 全局设计

8. 在关系数据库设计中，设计关系模式是数据库设计中（　　）的任务。

A. 逻辑设计阶段　B. 概念设计阶段

C. 物理设计阶段　D. 需求分析阶段

9. 在关系数据库设计中，对关系进行规范化处理，使关系达到一定的范式，例如，达到 3NF，这是（　　）的任务。

A. 需求分析阶段　B. 概念设计阶段

C. 物理设计阶段　D. 逻辑设计阶段

10. 概念模型是现实世界的第一层抽象，这一类最著名的模型是（　　）。

A. 层次模型　B. 关系模型　C. 网状模型　D. 实体-关系模型

项目二

管理数据库

项目背景

农产品网上商城（简称“商城”）是为社会群众提供的在线购买农副产品的网上平台，是帮助乡村种植户增收和社会力量参与乡村振兴的重要途径。为拓宽农副产品销售渠道，持续推进农业发展，促进农民群众持续增收，助力巩固和拓展脱贫攻坚成果，实现乡村振兴。

商城网站可以实现农副产品在线展示、网上交易、物流跟踪、在线支付等功能，实现将有诚信的企业和农民专业合作社连接起来，为全社会广泛参与和采购农副产品，推动各地乡村振兴产业目标的顺利实现提供支持。

数据库是数据的集合，是存储数据的“仓库”。数据库的设计与创建是建设网站的基础支撑，本项目将学习数据库的创建、数据库备份与恢复及用户与权限管理。

任务一 创建数据库

【任务目标】

1. 能够使用命令行创建数据库。
2. 能够使用图形化工具创建数据库。
3. 能够熟练使用 MySQL Workbench 管理数据库。

【任务描述】

平台使用 MySQL 提供后台数据库服务，对应的数据库名称为 eshop，经过对平台的功能需求分析，数据库的概念模型图如图 2-1 所示。

从图 2-1 可以看出，概念模型共包含了 7 个实体，分别是消费用户 user、用户地址 user_address、订单 order、订单项 order_item、商品 goods、商品分类 goods_category、购物车项 cart_item。在后续章节中，此概念模型将会继续转换为物理模型。

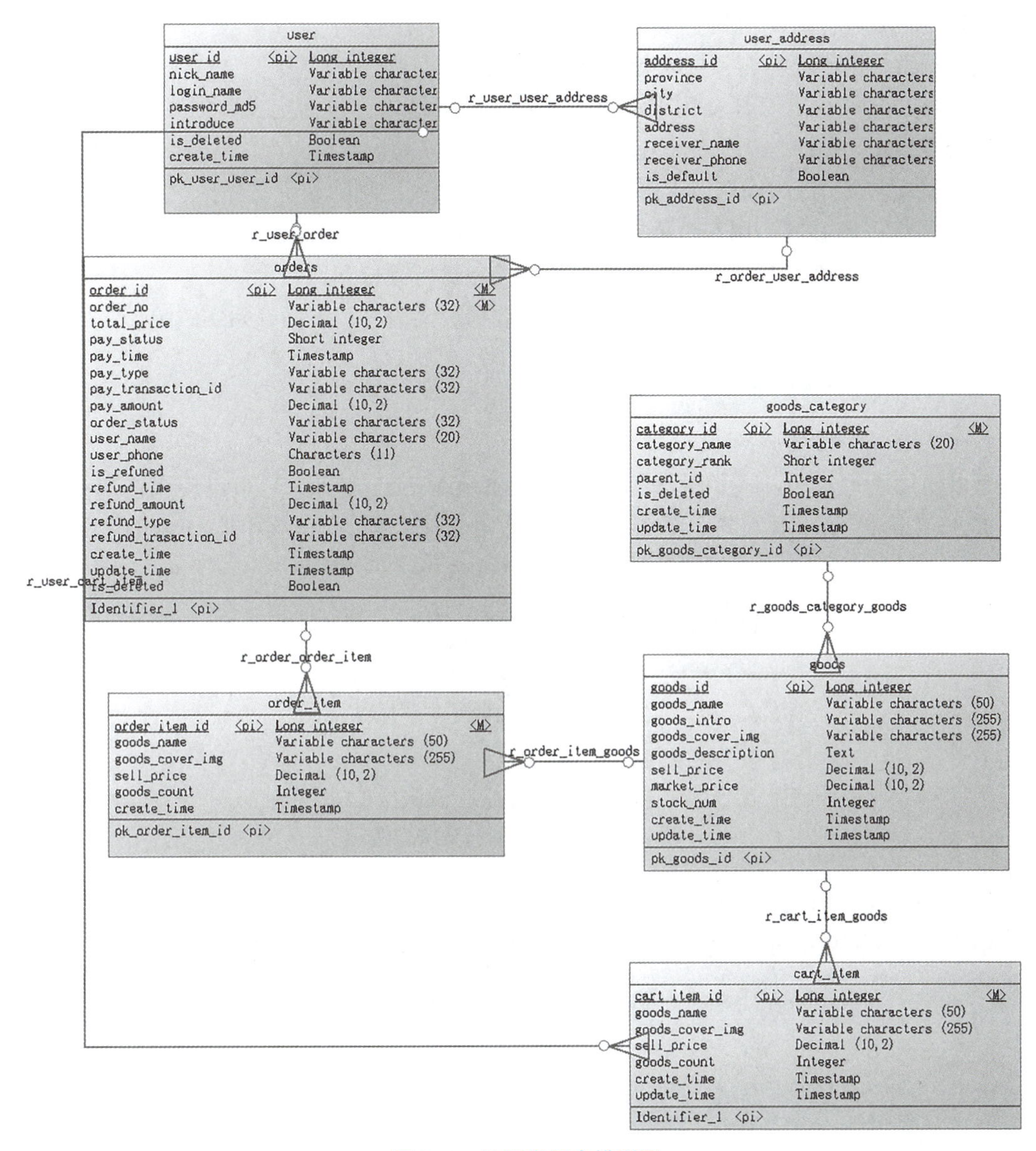

图 2-1　数据库概念模型图

【知识准备】

一、SQL 的概念

从本项目开始，将开始学习和使用 SQL。

首先，什么是 SQL 呢？

SQL（Structured Query Language，结构化查询语言）是一种数据库专用的查询和程序设计语言，用于存取数据、查询、更新和管理数据库。可以将 SQL 理解为数据库可以理解和执行的语言，是客户端与数据库“沟通”的工具。

其次，SQL 有什么作用呢?

SQL 语言根据不同功能，可以分为以下 4 种：

（1）数据定义语言 DDL：用于定义数据库的逻辑结构，包括定义数据库、数据表、视图、索引等。

（2）数据操纵语言 DML：用于管理数据，包括插入、删除和更新操作。

（3）数据查询 DQL：用于数据查询操作。

（4）数据控制语言 DCL：用于对用户访问控制进行授权和回收等。

本节所用到的创建数据库的 SQL 语句即为数据定义语言，下面开始实践吧。

二、使用 SQL 语句创建数据库

1. 使用 mysql 命令连接至服务端

可以使用语句“mysql -u 用户名 -p”连接本地 MySQL 服务，也可以使用参数-h 主机名或 IP 连接远程 MySQL 服务。图 2-2 展示了使用 mysql 命令行连接本地 MySQL 服务界面。

```
C:\>mysql -u root -p
Enter password: ****
Welcome to the MySQL monitor.  Commands end with ; or \g.
Your MySQL connection id is 108
Server version: 8.0.27 MySQL Community Server - GPL

Copyright (c) 2000, 2021, Oracle and/or its affiliates.

Oracle is a registered trademark of Oracle Corporation and/or its
affiliates. Other names may be trademarks of their respective
owners.

Type 'help;' or '\h' for help. Type '\c' to clear the current input statement.

mysql> _
```

图 2-2　mysql 命令行连接界面

2. 使用 CREATE TABLE 语句创建数据库

创建数据库使用的 SQL 语句是 CREATE DATABASE，具体语法为：

```
CREATE {DATABASE | SCHEMA} [IF NOT EXISTS]<数据库名>[参数]
```

参数为包括

```
[DEFAULT] {
  CHARACTER SET [=] charset_name
 | COLLATE [=] collation_name
 | ENCRYPTION [=] {'Y' | 'N'}
}
```

参数中，CHARACTER SET 选项指定默认的数据库字符集。

COLLATE 选项指定默认的数据库排序规则。一般在开发中主要使用 utf8 或 utf8mb4 字符集，排序规则省略，使用默认值即可。

CREATE DATABASE 语句的参数部分是可选的，参数中［default］为可选项，大括号内部多个参数以竖线分隔，表明也是可选。

CREATE SCHEMA 是 CREATE DATABASE 的同义词。

综上，常用的创建数据库的语句分为两种，如下：

（1）CREATE DATABASE 数据库名

（2）CREATE DATABASE 数据库 DEFAULT CHARACTER SET=utf8mb4

图 2-3 展示了创建 eshop 数据库的界面。

```
mysql> CREATE DATABASE eshop DEFAULT CHARACTER SET= utf8mb4;
Query OK, 1 row affected (0.02 sec)
```

图 2-3　创建 eshop 数据库界面

从图 2-3 中可以看出，当 SQL 语句执行成功后，MySQL 服务端会返回成功提示，即 Query OK，1 row affected，意思为查询执行成功，1 行受影响。

当 SQL 语句出现语法错误时，MySQL 将会返回详细的错误信息，只需仔细查看错误描述即可快速定位错误位置。图 2-4 展示了一种错误信息，你能找出其中的错误吗？

```
mysql> CREATE DATEBASE eshop DEFAULT CHARACTER SET= utf8mb4;
ERROR 1064 (42000): You have an error in your SQL syntax; check the manual that
corresponds to your MySQL server version for the right syntax to use near 'DATEB
ASE eshop DEFAULT CHARACTER SET= utf8mb4' at line 1
```

图 2-4　创建数据库 SQL 错误示范

在图 2-4 所示错误信息中，能够根据“near DATEBASE eshop…”快速定位到错误位置，错误原因是 DATEBASE 单词拼写错误，应为 DATABASE。

字符集与排序规则

字符集是一组符号和编码，排序规则是一组用于比较字符集中字符的规则。MySQL Server 支持多种字符集，包括多个 Unicode 字符集。使用语句“show character set”查看可用字符集，使用语句“show collation”查看可用的排序规则。

下面语句查询以 utf8 开头的字符集和字符集 utf8mb4 相关的排序规则。

```
Show character set like'utf8%'
Show collation where charset='utf8mb4'
```

字符集与字符编码

字符集即字符的集合。不同的字符集包含的字符个数不同、字符不同，对字符的编码方式也不同。例如，中国国家标准简体中文字符集 GB2312 收录了简化汉字（6 763 个）及一般符号、序号、数字、拉丁字母、日文假名、希腊字母、俄文字母、汉语拼音符号、汉语注音字母，共 7 445 个图形字符。其他常见字符集包括 GBK 字符集、Unicode 字符集。

字符编码可以理解为一种映射规则，根据这种映射规则将某个字符映射为能够在计算机中存储和传输的其他形式数据。例如，ASCII 字符编码即为一种映射规则，其将大写字母 A 映射为 65，小写字母 a 映射为 97。每种字符集都有自己的字符编码规则，常见字符集编码有 GBK 编码、UTF-8 编码。

utf8 与 utf8mb4 编码

utf8 字符集（编码）是 Unicode 的一种实现方式，是互联网上使用最广泛的一种编码格式，是一种 Unicode 的可变长度字符编码规则，又称万国码。utf8 的优点是变长的编码试，使用 3 字节存储中文，但无法存储图像。

utf8mb4 字符集是 MySQL 5. 5. 3 版本新增的一种编码方式，mb4 意为 most bytes 4，支持 4 字节 Unicode 存储，因此，可以存储 4 字节宽的字符或特殊的表情符号等。

3. 使用 show 语句查询所有数据库

数据库创建完成后，即可通过 show databases 语句查询，使用 show create database 语句查看自动生成的创建语句。图 2-5 展示了上述两种语句的执行结果。

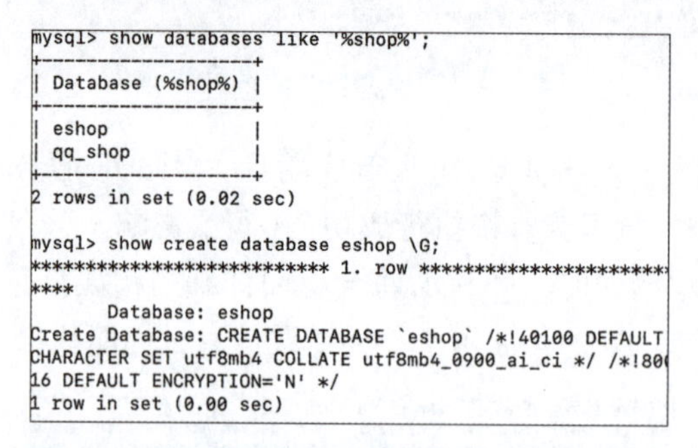

```
mysql> show databases like '%shop%';
+--------------------+
| Database (%shop%) |
+--------------------+
| eshop              |
| qq_shop            |
+--------------------+
2 rows in set (0.02 sec)

mysql> show create database eshop \G;
************************** 1. row ***********************
****
       Database: eshop
Create Database: CREATE DATABASE `eshop` /*!40100 DEFAULT
CHARACTER SET utf8mb4 COLLATE utf8mb4_0900_ai_ci */ /*!80(
16 DEFAULT ENCRYPTION='N' */
1 row in set (0.00 sec)
```

图 2-5　查看数据库和显示创建数据库语法示例

4. 使用 use 语句打开数据库并查看数据表

当使用语句 mysql -u 用户名-p 连接 MySQL 服务端后，使用 select database( ) 语句可以看到当前所在的数据库，默认情况下将返回 NULL，即没有打开任一数据库。可以使用 use 语句打开数据库。图 2-6 展示了打开 eshop 数据库执行界面，执行成功后，可以看到“Database changed”提示信息。使用 show tables 语句查看数据表（当前数据库是空的，因此返回 Empty set）。

```
mysql> use eshop;
Database changed
mysql> show tables;
Empty set (0.00 sec)
```

图 2-6　切换数据库和查看数据表示范

三、使用 MySQL Workbench 创建数据库

1. 打开 MySQL Workbench 并连接至服务端

打开 MySQL Workbench 界面，切换至“Schemas”标签页，如图 2-7 所示。

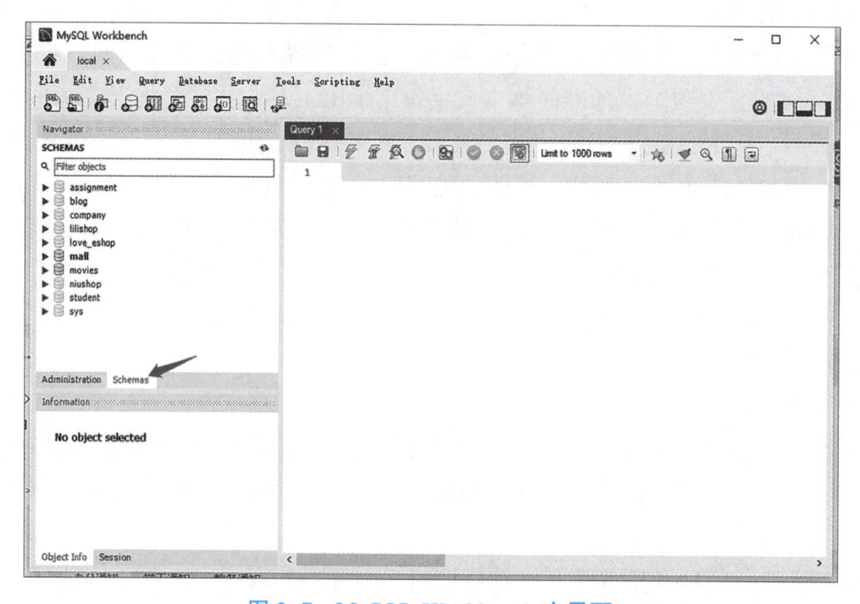

图 2-7　MySQL Workbench 主界面

2. 新建数据库

单击工具栏中新建 Schema 图标，打开新建数据库窗口。在新建窗口中，输入数据库名 eshop，字符集选择 utf8mb4，最后单击右下角“Apply”（应用）按钮保存，如图 2-8 和图 2-9 所示。

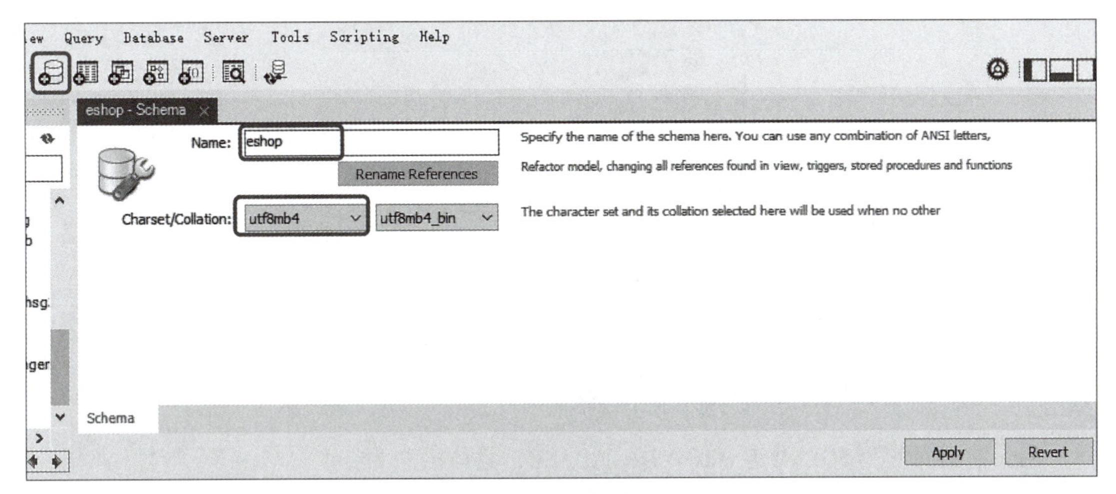

图 2-8 创建数据库步骤 1

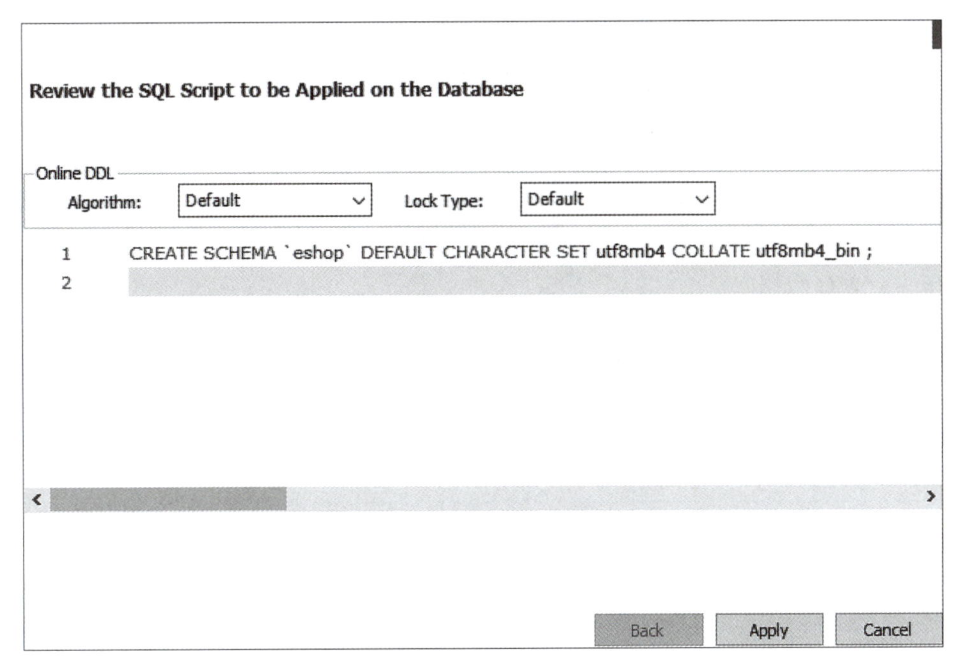

图 2-9 创建数据库步骤 2

3. 打开数据库

创建完成后，可以在“schemas”标签页中查看到，双击 eshop 即可打开，进而查看数据库内部，如图 2-10 所示。

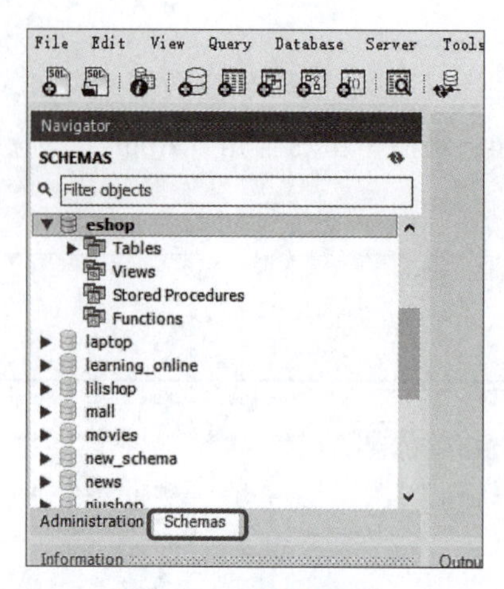

图 2-10 查看数据库

四、使用 DROP DATABASE 删除数据库

删除数据库使用 SQL 语句 DROP DATABASE，具体语法为：

```
DROP DATABASE  <数据库名>
```

图 2-11 展示了删除 eshop 的 SQL 语句及执行过程。

```
mysql> drop database eshop;
Query OK, 0 rows affected (0.01 sec)

mysql> show databases like 'eshop';
Empty set (0.00 sec)
```

图 2-11 删除数据库

【任务实施】

任务 1：创建数据库。

（1）在本地安装 MySQL Workbench，安装完成后，创建到本地 MySQL 服务的连接，将连接相关参数填写至表 2-1 中。

表 2-1 填写参数

Hostname		Port	
Username		Connection Method	

（2）编写 SQL 创建 eshop 数据库，默认字符编码为 utf8mb4。将语句填写至下方。

____

____

任务 2：查看数据库。

（1）编写 SQL 语句查询出当前数据文件所在目录。将 SQL 语句和查询出的路径填写在下方。

____

____

（2）编写 SQL 语句查询当前所有数据库，将 SQL 填写至下方。

____

____

（3）编写 SQL 语句筛选查询数据库 eshop，将 SQL 填写至下方。

____

____

（4）使用 show 语句生成创建 eshop 的 SQL 语句，并将 show 语句填写至下方。

____

____

（5）使用 use 语句切换至 eshop 数据库，并使用 show 语句查看数据库下所有数据表。将上述 SQL 语句填写至下方。

____

____

任务 3： 删除数据库。

使用 drop 语句将数据库 eshop 删除，将 SQL 语句填写至下方。

____

____

【任务拓展】

MySQL 系统数据库

MySQL 在安装完成后，会自动创建和初始化 4 个系统数据库，这些数据库中存储了 MySQL 运行所需的数据。各系统数据库名称及功能介绍如下。

1. mysql 数据库

mysql 数据库存储了 MySQL 服务器正常运行所需的各种系统信息，包含了关于数据库对象元数据（metadata）的数据字典表和系统表。

从 MySQL 8.0 开始，mysql 系统表和数据字典表使用 InnoDB 存储引擎，存储在 MySQL 数据目录下的 mysql.ibd 表空间文件中。

2. information_schema 数据库

提供了访问数据库元数据的各种视图，包括数据库、表、字段类型以及访问权限等。

3. performance_schema 数据库

为 MySQL 服务器运行时的状态提供了一个底层的监控功能。

4. sys 数据库

包含了一系列方便 DBA 和开发人员利用 performance_schema 性能数据库进行性能调优和诊断的视图。

以上系统数据库由 MySQL 自身维护，在使用 MySQL 过程中不能手动去修改其中数据。在管理 MySQL 时使用的命令，其操作后的结果会自动保存在系统数据库中。

系统数据库在查询时需要 root 身份，尝试运行以下 SQL 语句，分析一下结果。

```
SELECT host,user FROM mysql.user
```

【任务评价】

1. 自我评估与总结

（1）本次课你学习并掌握了哪些知识点？

____

____

____

（2）你在学习数据库操作 SQL 命令时，遇到哪些困难？是如何解决的？

____

____

____

（3）谈谈你的心得体会。

____

____

____

2. 课堂自我评价（表 2-2）

表 2-2　课堂自我评价

<table>
<tr><td>班级</td><td colspan="2"></td><td>姓名</td><td></td><td>填写日期</td><td colspan="2"></td></tr>
<tr><td>#</td><td>项目</td><td colspan="4">评价要点</td><td>权重</td><td>得分</td></tr>
<tr><td>1</td><td>课前预习</td><td colspan="4">能够按要求完成课前预习。
能够仔细阅读教材资料并记录。
能够提出疑问并自主检索资料。
能够与同组同学进行讨论。</td><td>20</td><td></td></tr>
<tr><td>2</td><td>课中任务学习</td><td colspan="4">能够认真听讲并记录。
能够在听讲过程中提出疑问。
能够与同组同学讨论并提出自己的观点。
能够认真听讲并回答老师的提问。</td><td>20</td><td></td></tr>
<tr><td>3</td><td>课中任务实施</td><td colspan="4">能够仔细听讲并完成实施任务。
能够正确填写实施报告。
能够与同组同学互相讨论并帮助同组成员解决问题。</td><td>40</td><td></td></tr>
<tr><td>4</td><td>职业素养</td><td colspan="4">具备团队协作能力，能主动与同组同学进行问题讨论，并协调和帮助同组成员解决问题。
具备开源精神与思想，遵守开源相关规范。
具备爱国之心，具有社会主义主人翁意识。</td><td>20</td><td></td></tr>
</table>

任务二　数据库备份与恢复

【任务目标】

1. 掌握使用客户端实用工具备份与恢复数据库。
2. 掌握使用 MySQL Workbench 备份与恢复数据库。
3. 理解数据库备份相关策略与异同。
4. 理解客户端工具常用的参数作用。
5. 理解数据库备份策略与异同。

【任务描述】

数据库是一个系统中最重要的组成部分，数据是企业最重要的无形资产。对于企业而言，企业有责任和义务保护数据安全；对于个人而言，数据也关乎着自身的人身安全和财产安全等。

2021 年 9 月《中华人民共和国数据安全法》（以下简称《数据安全法》）开始实施。数据安全法是为了规范数据处理活动，保障数据安全，促进数据开发利用，保护个人、组织的合法权益，维护国家主权、安全和发展利益，从而制定的法律。《数据安全法》中对数据、数据处理和数据安全的概念进行了界定。

（1）数据，是指任何以电子或者其他方式对信息的记录。

（2）数据处理，包括数据的收集、存储、使用、加工、传输、提供、公开等。

（3）数据安全，是指通过采取必要措施，确保数据处于有效保护和合法利用的状态，以及具备保障持续安全状态的能力。

当前，互联网特别是移动互联网已经深入日常生活方方面面，作为各类网络服务的提供商和用户数据的持有者的企业更要重视数据安全，建立完善的数据安全审查审计制度、数据备份与恢复机制等。

本任务将学习数据库备份相关理论、备份策略、备份与恢复的操作等。学习完本任务，你可以：

- 阐述数据备份的分类及日常备份策略。
- 掌握数据物理和逻辑备份的方法。
- 掌握数据恢复的方法。

【知识准备】

一、数据库备份与恢复

数据库备份与恢复是一项日常工作中最基本的操作和工作内容，在系统运营时，要让系统能在意外情况下（服务器宕机、磁盘损坏等）数据不丢失或最小程度丢失，需要根据业务要求设计出损失最少和对数据库影响最小的备份与恢复策略。

按备份方法不同，可分为：

（1）热备份（Hot backup）：也称在线备份。此种备份是在数据库运行中直接备份，对正在运行的数据库操作没有任何影响。

（2）冷备份（Cold backup）：也称离线备份，指在数据库服务停止时备份。这种备份最简单，一般直接复制数据库物理文件即可。

（3）温备份（Warm backup）：指在数据库运行时备份，对当前数据库的操作有一定影响。例如，为保证备份时数据一致性和完整性，会在备份前设置全局锁。

按备份内容不同，可分为：

（1）完全备份：指对数据库进行一次完整备份。

（2）增量备份：指在上次完全备份基础上，只备份更新数据。

（3）日志备份：指对 MySQL 二进制日志进行备份，通过对一个完全备份进行二进制日志的重做来完成数据库的 point-in-time 恢复工作。

按备份后文件内容不同，分为：

（1）逻辑备份：将数据导出备份为文件，文件格式为文本文件（一般文件扩展名为. sql），文件内容为创建表和插入数据的 SQL 语句。逻辑备份适用于数据库升级和迁移工作。

（2）物理备份：备份数据物理文件，可使用 xtrabackup 等工具实现在数据库运行时或停止后复制数据文件。

二、使用 mysqldump 完成数据库逻辑备份

mysqldump 命令通常用来完成转存（dump）数据库的备份及不同数据库之间的移植，如从 MySQL 低版本升级到高版本，又或者从 MySQL 移植到 Oracle、Microsoft SQL Server 等。

mysqldump 命令的语法为：

```
mysqldump [参数] > 文件
```

其中，参数部分不仅包括-u、-p、-h 等常用指定连接参数，还包括 mysqldump 命令特有参数。语法中符号（大于号）表示导出，文件即为保存导出结果的 SQL 文件（扩展名为. sql）。

mysqldump 命令的用法包括以下几种方式：

（1）备份所有数据库。

```
mysqldump --all-databases > all.sql
```

参数--all-databases 即指定所有数据库。

（2）备份指定数据库。

```
mysqldump -B 数据库 1 数据库 2 > db.sql
```

参数-B 用于指定数据库名，其后跟多个数据库名称，即只备份指定的数据库数据。

（3）备份指定数据库指定数据表。

```
mysqldump -B 数据库 数据表 1 数据表 2 > tables.sql
```

与第 2 种备份方式相同，在数据库名后跟数据表名称，即只备份指定数据表。

(4) 仅备份数据库表结构，不备份数据。

```
mysqldump  -d -B  数据库 > db_nodata.sql
```

参数-d 表明不备份数据，只导出数据表结构。

(5) 仅备份数据，不备份结构。

```
mysqldump -t -B 数据库 > db_onlydata.sql
```

参数-t 表明不备份结构，只导出数据。

(6) 进行一致性备份。

```
mysqldump -uroot -p --skip-opt --default-character-set=utf8 --single-transac-
tion --master-data=2 --no-autocommit -B d1> backup.sql
```

参数--single-transaction 可实现数据导出处于一个事务内部，以保证导出数据的一致性。

--master-data=2 通常与 single-transaction 一起使用。master-data 参数用于在备份中包含二进制日志信息。在恢复数据库时，可以将备份文件与二进制日志中的特定位置对应起来，以确保数据的完整性和一致性。取值为 2 表示将二进制日志的文件名和位置信息以注释形式写入备份文件中，取值为 1 则为正常写入。

--no-autocommit 禁止事务自动提交。

-B 用于指定数据库名称。

三、使用 mysql 命令执行逻辑备份的恢复

使用 mysqldump 备份导出的 SQL 文件包含了所导出数据库的结构和数据，执行此 SQL 文件即可完成数据的再导入恢复功能。

mysql 命令执行 SQL 文件的语法为：

```
mysql < SQL 文件
```

四、使用 source 语句执行 SQL 文件

source 语句是 MySQL 中提供的用于在 MySQL 交互环境下执行 SQL 文件的命令，其用法为：

```
Source 文件名
```

例如，执行 c:\db.sql 文件，则语句为 source c:\db.sql，如图 2-12 所示。需要注意的是，在执行前应先打开数据库。

```
mysql> use student;
Database changed
mysql> source c:\db.sql
Query OK, 0 rows affected (0.00 sec)

Query OK, 0 rows affected (0.00 sec)
```

图 2-12 使用 source 命令执行 SQL 语句

五、使用 MySQL Workbench 备份数据库

MySQL Workbench 提供了“数据导出”功能，单击“Server”→“Data Export”，出现图 2-13 所示界面。

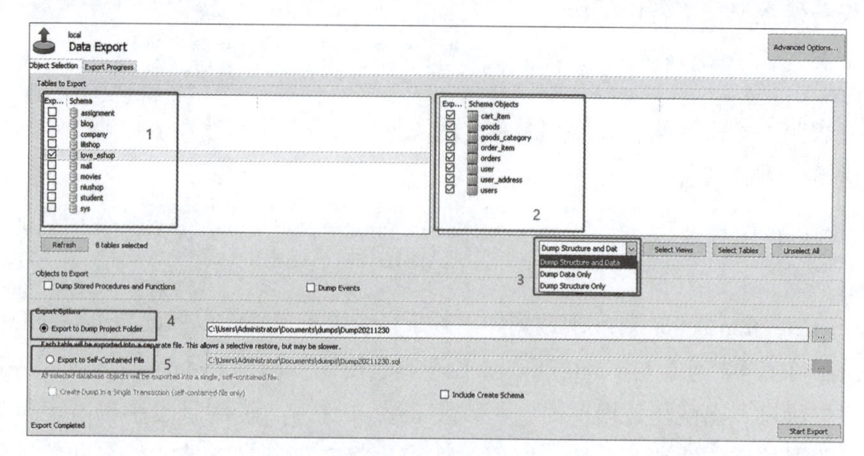

图 2-13　图形化数据导出界面

在数据导出界面中，区域 1 列出了所有数据库；区域 2 列出了当前选中数据库所有数据表，在此区域可以选择需要导出的数据表；区域 3 可以指定导出内容，分为“Dump Structure and Data”（导出据结构和数据）、“Dump Data Only”（仅导出数据）、“Dump Structure Only”（仅导出结构）；区域 4 为导出到指定文件夹中，选择此项后，工具会为每张数据表生成一个 SQL 文件，并全部存放在指定文件夹中；区域 5 为将所有数据表合并生成到指定的 SQL 文件中。

图 2-14 展示了导出到文件夹中的最终效果，即每张表对应一个 SQL 文件。

	修改日期	类型
eshop_cart_item.sql	2021-12-30 9:30	SQL Text File
eshop_goods.sql	2021-12-30 9:30	SQL Text File
eshop_goods_category.sql	2021-12-30 9:30	SQL Text File
eshop_order_item.sql	2021-12-30 9:30	SQL Text File
eshop_orders.sql	2021-12-30 9:30	SQL Text File
eshop_user.sql	2021-12-30 9:30	SQL Text File
eshop_user_address.sql	2021-12-30 9:30	SQL Text File
eshop_users.sql	2021-12-30 9:30	SQL Text File

图 2-14　数据导出结果

从图 2-14 可以看出，MySQL Workbench 导出的文件名命名规则为“数据库名_表名. sql”，此命名规则将在数据导入时使用。

六、使用 MySQL Workbench 恢复数据库

MySQL Workbench 提供了数据导入功能，单击“Server”→“Data Import”，显示如图 2-15所示界面。

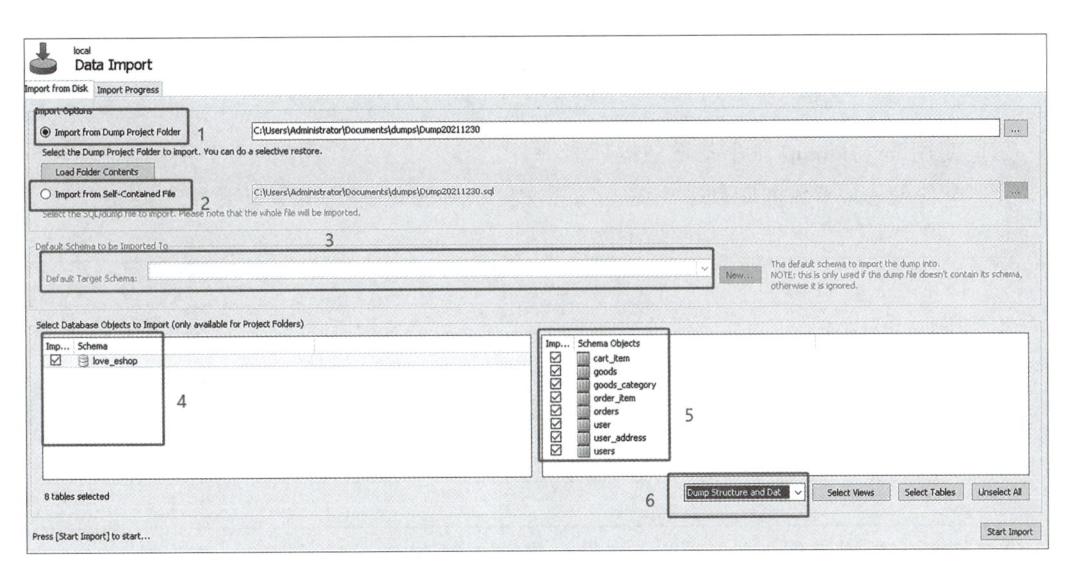

图 2-15　图形化数据导入界面

在数据导入界面中，可以看出共分为多个区域。其中，区域 1 表示从指定的文件夹中读取 SQL 文件，并且自动解析文件夹中文件名称，解析出区域 4 中数据库名称。区域 2 表示从指定的 SQL 文件中进行导入，采用此种方式，区域 4 和区域 5 将不可用，需要在区域 3 中选择导入目标数据库。区域 6 则指定导入数据内容，可以选择同时导入结构和数据，或是二者之一。

参数指定完成后，单击界面右下角“Start Import”按钮执行导入。

【任务实施】

任务 1： 使用 mysqldump 进行数据逻辑备份。

（1）创建 SQL 文件，初始化数据库。

打开记事本或其他文本编辑软件，新建文件并录入下面 SQL 语句，将文件存储到 C 盘，文件名为 user. sql。

```
create table user
(
   user_id              bigint not null,
   nick_name              varchar(20),
   login_name             varchar(20),
   password_md5           varchar(64),
   introduce            varchar(150),
   is_deleted           bool,
   create_time          timestamp,
    primary key (user_id)
);
insert into user (user_id, nick_name, login_name, password_md5, introduce, is_deleted, create_time) values (1, '张同学', 'zhang', '49ba59abbe56e057','Hi,I am Zhang', 0, '2020-11-1 0:0:0');
```

使用 mysql 命令执行 SQL 文件，打开命令行界面，执行下述语句：

```
mysql -u root -p eshop < c:\user.sql
```

（2）使用 mysqldump 命令备份数据库。

①完全备份 eshop 数据库到 c:\eshop. sql 文件。将 SQL 语句填写至下方。

____

____

____

②只备份 eshopo 数据库表结构到 c:\eshop_ddl. sql 文件。将 SQL 语句填写至下方。

____

____

____

③备份所有数据库到 c:\alldb. sql 文件。将 SQL 语句填写至下方。

____

____

____

（3）查看备份文件。

使用记事本或其他文本编辑软件打开导出的 c:\eshop. sql 文件，查找以下部分内容：

```
--
-- Table structure for table `user`
--
```

将上述代码段其后创建数据表 user 的 SQL 语句抄写在下方。

____

____

____

____

____

____

任务 2： 使用 MySQL Workbench 备份数据库。

（1）打开 MySQL Workbench，连接至本地 MySQL 服务。

（2）使用"数据导出"功能，完成 eshop 数据库备份，要求同时导出结构和数据，备份文件保存为 c:\shop. sql。

任务 3： 使用 MySQL Workbench 恢复数据库。

（1）使用 MySQL Workbench 在本地 MySQL 服务中新建数据库 eshop_restore，默认字符集为 utf8mb4。

（2）使用 MySQL Workbench 的数据导入功能，将上述导出的 c:\shop. sql 文件导入至新建的 eshop_restore 数据库中。

【任务评价】

1. 自我评估与总结

（1）本次课你学习并掌握了哪些知识点？

____

____

____

____

（2）你在学习本任务时，遇到了哪些困难？是如何解决的？

____

____

____

____

（3）谈谈你的心得体会。

____

____

____

____

2. 课堂自我评价（表 2-3）

表 2-3 课堂自我评价

班级		姓名		填写日期	
#	项目	评价要点		权重	得分
1	课前预习	能够按要求完成课前预习。 能够仔细阅读教材资料并记录。 能够提出疑问并自主检索资料。 能够与同组同学进行讨论。		20	
2	课中任务学习	能够认真听讲并记录。 能够在听讲过程中提出疑问。 能够与同组同学讨论并提出自己的观点。 能够认真听讲并回答老师的提问。		20	
3	课中任务实施	能够仔细听讲并完成实施任务。 能够正确填写实施报告。 能够与同组同学互相讨论并帮助同组成员解决问题。		40	
4	职业素养	具备团队协作能力，能主动与同组同学进行问题讨论，并协调和帮助同组成员解决问题。 具备开源精神与思想，遵守开源相关规范。 具备爱国之心，具有社会主义主人翁意识。		20	

任务三 用户与权限管理

【任务目标】

1. 理解 MySQL 权限划分及管理机制。
2. 掌握账户管理的方法。
3. 掌握权限管理的方法。
4. 能够编写 SQL 创建账户。
5. 能够编写 SQL 实现账户的权限管理。
6. 能够在实际运用中进行账户创建及权限管理。

【任务描述】

在之前的任务中，一直在使用 root 账号连接数据库，其实这是非常不安全的。在实际工作场景中，数据库 root 账号密码不会暴露给开发人员，只会由专门的数据库管理员进行保管和使用。由于 root 账号具有数据库管理的最高权限，一旦密码被窃取或者误操作导致数据丢失，将会给系统运行带来严重后果。因此，数据库的账号管理在实际工作中是非常重要的，账号的权限划分也非常细致。

本任务主要完成商城数据库的账号管理和权限划分工作，具体要求是在数据库中创建以下类型账号：

（1）监控账号：用于查看数据库内部运行状态。

（2）备份账号：用于完成数据的导出与备份。

（3）管理账号：可对某个数据库执行所有操作。

（4）应用账号：可以对数据表执行增、删、改、查操作，可以对视图、触发器、过程等进行调用。

（5）root 账号：限制只能本地访问，具有整个数据库管理系统的最高权限。

通过以上类型账号的创建，对数据库的管理权限进行严格划分，保证数据在运行维护中的安全性。

【知识准备】

一、MySQL 中权限的分类

1. 权限和认证的概念

在宾馆的场景中，宾馆前台会给客人一个房间的门禁卡，客人凭借门禁卡可以进入自己的房间，同时，持有门禁卡才能乘坐电梯。如果没有门禁卡，就无法进入宾馆，更无法进入宾馆房间。

由于客人在宾馆前台进行了身份登记，即完成了认证，宾馆向客人发放门禁卡（账号），客人通过门禁卡进入宾馆（访问数据库），门禁卡（账号）被指派了只能打开哪个房间（授权访问哪些数据表）。因此，把宾馆看作为数据库、房间看作为数据表、门禁卡看作为账号，就可以理解认证与权限的概念了。

认证完成了访问者身份的验证。常用的认证不仅有账号密码的验证方式，还有手机号短信验证码验证、指纹验证等。这些都是鉴别访问者是否有效、真实账户的方法。

权限是对访问能做什么的一种概念描述，日常对账户的权限管理称为“授权”。授权是指对访问者进行认证之后操作权限的指派，具体为指派用户可以访问或操作哪些资源、从用户回收哪些资源操作的权限。例如，在企业办公场所中，普通员工只能进入自己办公所在楼层，而管理者可以进入企业所有楼层。

认证与授权的区别如下：

（1）认证用于完成身份的验证；授权用于指定用户具备哪些资源的访问权限。

（2）认证是授权的前置条件，只有获得认证后才能被授权。

（3）认证的过程是为用户发放身份凭证的过程；授权则比认证更复杂，依据权限划分细化级别与精确程度不同，需要根据用户的身份（角色）指派不同的权限。

2. MySQL 中的权限分类

MySQL 根据操作的上下文环境和操作对象不同，权限可以分为以下 3 类：

（1）管理权限：用于指定管理 MySQL 服务器的操作。这些特权是全局的，适用于所有数据库。

（2）数据库权限：用于指定数据库及其内部所有对象的访问操作权限。此权限主要用于授予用户访问特定数据库，也可以指派访问所有数据库。

（3）数据库对象权限：数据库对象包括数据表、索引、视图和存储例程等，MySQL 支持面向不同数据库对象指派不同权限。例如：指派访问部分数据表的权限。

针对数据表的权限控制还包括表级别权限、列级别权限，可以实现对部分表、表中部分列的访问权限控制。

MySQL 将所有权限信息保存在数据表里，这些数据表存储在 MySQL 数据库中，具体表有 user、db、tables_priv、columns_priv 和 procs_priv。各表具体功能和含义如下：

（1）user 表：存储了数据库账户信息和账户的权限，这些权限是全局的。在 user 表中，字段 host 和 user 为联合主键。

（2）db 表：存储了用户对数据库的操作权限，指定了用户可从何地址连接数据库等。

（3）tables_priv 表：存储了针对数据表的操作权限。

（4）columns_priv 表：存储针对数据表字段的操作权限。

（5）procs_priv 表：存储了针对存储过程和存储函数的操作权限。

后续所创建的账户及指派的权限均存储在上述数据表中。

二、MySQL 用户管理

MySQL 可以分为 root 用户和普通用户，root 用户是整个数据库管理系统的超级管理员，具有最高权限；普通用户只有被授权后才能访问指定资源。

root 用户是 MySQL 内置的最高权限账户，在安装 MySQL 时指定密码，默认情况下，root 账户只能在 MySQL 服务本地登录。使用下述语句可以查看 root 账户的信息：

```
select host,user from mysql.user where user='root';
```

执行结果如图 2-16 所示。

```
mysql> select host,user from mysql.user where user='root';
+-----------+------+
| host      | user |
+-----------+------+
| localhost | root |
+-----------+------+
```

图 2-16　查看 root 账户信息

1. 创建账户

创建普通账户的语法为：

```
CREATE USER [IF NOT EXISTS]
  user [user_auth], user[user_auth]
  [password_option | lock_option]
```

语法中各部分含义如下：

（1）user 指账户名称，MySQL 账户名称由用户名和主机名组成，这允许为具有相同用户名的用户创建不同的账户，这些用户可以从不同的主机连接。例如' zhangsan' @ ' localhost' 表明账户 zhangsan 只能从本地登录；若未指定主机名，则默认为“%”，其中，“%”表示任意主机。

（2）user_auth 部分用于设置访问密码，主要写法为：

```
IDENTIFIED BY '密码'
```

手动设置密码。

```
IDENTIFIED BY RANDOM PASSWORD
```

使用随机密码。

（3）password_option 用于设置密码选项，包括密码过期时间、重试次数、锁定时间等。相关语句为：

```
PASSWORD EXPIRE
```

密码立即过期。

```
PASSWORD EXPIRE [DEFAULT | NEVER]
```

密码过期设置，NEVER 永不过期，DEFAULT 默认过期时间由系统变量 default_password_lifetime 设置。

```
PASSWORD EXPIRE INTERVALN DAY
```

密码每隔 N 天过期，应重置。

（4）Lock_option 表示账户是否被锁定。语句为：

```
ACCOUNT LOCK
```

账户锁定。

```
ACCOUNT UNLOCK
```

账户解锁。

下面通过示例来理解 CREATE USER 语句的使用。

【例】 创建账户 zhangsan，限制只能从本地访问，密码为 123456。

```
CREATE USER 'zhangsan'@'localhsot' IDENTIFIED BY '123456'
```

【例】 创建账户 lisi，限制只能从 192.168.1 网段访问，密码为 123456，并设置每 180 天内必须修改密码。

```
CREATE USER 'lisi'@'192.168.1.%' IDENTIFIED BY '123456' PASSWORD EXPIRE
INTERVAL 180 DAY
```

2. 修改账户

修改账户的语法为：

```
ALTER USER [IF EXISTS]
    user [auth_option]
    [password_option | lock_option]
```

ALTER USER 的语法与 CREATE USER 语句相同，各部分含义不再阐述。下面通过示例理解 ALTER USER 语句的使用。

【例】 锁定 zhangsan 账户，禁止从本地登录。

```
ALTER USER 'zhangsan'@'localhost'
ACCOUNT LOCK;
```

【例】 修改本地登录的 zhangsan 账户密码为随机密码，并设置每 7 天更新一次密码。

```
ALTER USER 'zhangsan'@'localhost'
IDENTIFIED BY RANDOM PASSWORD
PASSWORD EXPIRE INTERVAL 7 DAY
```

3. 删除账户

删除账户的语法为：

```
DROP USER [user]
```

其中，user 表示账户名称，由账户名和主机名组成。

【例】 删除本地登录的 zhangsan 账户。

```
DROP USER 'zhangsan'@'localhost'
```

也可以操作 mysql. user 表直接删除账户。

【例】 使用 DELETE 语句从 mysql. user 表中删除本地登录的 zhangsan 账户。

```
DELETE FROM mysql.user WHERE host='localhost' and user='zhangsan'
```

三、MySQL 角色管理

角色的概念在日常生活中经常理解为“身份”。例如，在企业中有董事长、经理、职员等角色，在学校有教师、学生角色，不同的角色代表了不同的“身份”，也具有不同的权限。例如，在教务系统中，学生角色只能查看成绩，教师角色可以录入成绩。因此，角色可理解为一系列权限的统称。

在数据库管理中，可能会有多个具有相同权限的运维人员，如果给这些账户指派权限，只需要将这些权限定义为角色，然后将角色指派给运维人员账户。

因此，角色可以非常方便地管理权限，也可以高效地管理用户的权限。

1. 创建角色

创建角色的语法为：

```
CREATE USER [IF NOT EXISTS] role [,role]
```

语法中 role 指角色名称。角色名称的组成部分与账户名称相同，分为“名称@ 主机名”两部分，若未指定主机名部分，则默认为%，表示所有主机。

【例】创建本地角色 dev。

```
CREATE ROLE 'dev'@'localhost'
```

角色创建完成后需要指派权限，此部分将在后续讲解。

2. 删除角色

删除角色的语法为：

```
DROP ROLErole,[role]
```

【例】删除本地角色 dev。

```
DROP ROLE 'dev'@'localhost'
```

四、MySQL 权限管理

MySQL 的权限管理分为权限指派和回收两个操作。指派权限是指将操作权限赋给某个用户，回收权限则是撤销用户某项权限。

再来看 MySQL 中关于权限的层级划分：

（1）全局级别：全局权限作用于整个服务器配置的权限。全局权限适用于所有数据库。操作全局级别权限使用语句 GRANT ALL ON *.* 指派权限，使用语句 REVOKE ALL ON *.* 回收权限。

（2）数据库级别：数据库级别权限作用于某个数据库，使用 GRANT ALL ON db_name.* 指派权限，使用 REVOKE ALL ON db_name.* 回收权限。

（3）表级别：作用于数据表的权限，数据表是权限控制的单位。表级别权限管理使用语句 GRANT ALL ON db_name.table_name 指派权限和使用语句 REVOKE ALL ON db_name.table_name 回收权限。

（4）列级别：作用于数据表中的部分列。

（5）子程序级别：作用于存储过程和存储函数的创建、修改、调用。

从上述内容中可以看到，GRANT 语句的作用是指派权限，REVOKE 语句的作用是回收权限。下面分别来看 GRANT 和 REVOKE 的语法。

1. 指派权限 GRANT

GRANT 语句的语法如下：

```
GRANT
    priv_type [(column_list)]
      [, priv_type [(column_list)]]…
    ON [object_type] priv_level
    TO user_or_role [, user_or_role]…
    [WITH GRANT OPTION]
```

语法中各部分的含义如下：

(1) priv_type 表示权限类型，不同级别的权限类型具体见表 2-4。

表 2-4　MySQL 权限列表

权限级别	权限列表	存储系统表
全局级别	CREATE TABLESPACE, CREATE USER, FILE, PROCESS, RELOAD, REPLICATION CLIENT, REPLICATION SLAVE, SHOW DATABASES, SHUTDOWN	mysql. user
数据库级别	CREATE, DROP, EVENT, GRANT OPTION, LOCK TABLES, REFERENCES	mysql. db
数据表级别	ALTER, CREATE VIEW, CREATE, DELETE, DROP, GRANT OPTION, INDEX, INSERT, REFERENCES, SELECT, SHOW VIEW, TRIGGER, UPDATE	mysql. tables_priv
列级别	INSERT, REFERENCES, SELECT, UPDATE	mysql. columns_priv
存储过程级别	ALTER ROUTINE, CREATE ROUTINE, EXECUTE, GRANT OPTION	mysql. procs_priv

(2) column_list 字段列表，当配置列级别权限时使用。

(3) object_type 对象类型，根据后续权限不同，只能输入 TABLE、FUNCTION、PROCEDURE 三种类型之一，此部分是可选的。

(4) priv_level 权限级别，根据级别不同，可以输入的格式包括 *.*（所有数据库、所有对象）、db_name.*（某一数据库中的所有对象）、db_name. routine_name（某一数据库中的程序名称）、tbl_name（表名）

(5) user_or_role 表示账户或角色，用于指定将权限指派给哪个用户或角色。

(6) WITH GRANT OPTION 用于限定权限是否可被传递，若加入此语句，则表示授权可以传递给其他用户。

需要注意的是，在 MySQL 8.0 中，GRANT 语句仅用于授权，GRANT 语句不再自动创建用户。

【例】创建用户 test，只能本地访问，并将指定其为 news_db 数据库的管理，拥有数据库 news_db 的所有权限。

```
GRANT ALL ON news_db. * TO 'test'@'localhost'
```

【例】创建用户 dev，可以从任意主机访问，其只能对 news_db 数据库中所有表执行 SELECT、UPDATE、DELETE、INSERT 操作。

```
GRANT SELECT,UPDATE,DELETE,INSERT ON news_db. * TO 'dev'@'%'
```

在对账户指派权限后，可以使用 SHOW GRANTS FOR user 语法查看账户所拥有的权限。

【例】查看本地登录账户 dev 的权限。

```
SHOW GRANTS FOR 'dev'@'localhost'
```

执行结果如图 2-17 所示。

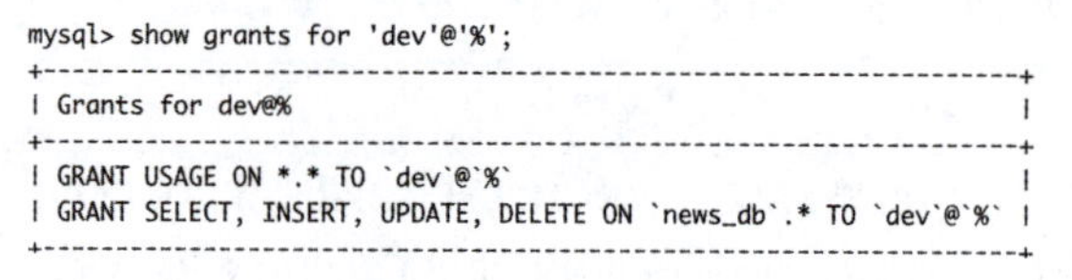

图 2-17　查看本地登录账户 dev 的权限

注意：在执行 GRANT 操作后，需要使用 FLUSH PRIVILEGES 重新加载权限表，否则所做修改不生效。

2. 回收权限 REVOKE

REVOKE 语法为：

```
REVOKE
    priv_type [(column_list)]
      [, priv_type [(column_list)]]…
    ON [object_type] priv_level
    FROM user_or_role [, user_or_role]…
```

语法中各部分含义与 GRANT 语法相同，不再阐述。从上述语法可以看出，GRANT 的结构为 GRANT…TO，而 REVOKE 的结构为 REVOKE…FROM，两者恰好对应，非常利于记忆。

【例】从本地账户 dev 中回收 news_db 数据库中的 DELETE 权限。

```
REVOKE DELETE ON news_db. * FROM 'dev'@'localhost'
```

注意：在执行 REVOKE 操作后，需要使用 FLUSH PRIVILEGES 重新加载权限表。

【任务实施】

下面以商城数据库（shopdb）为例，为 MySQL 服务创建具有不同权限和职责的账户，请将相应 SQL 语句填写至题目下方。

1. 修改本地 root 账户密码，密码要求必须包含大小写字母、数字和特殊字符，且不能出现连续 3 个相同字符，长度至少为 8 位。

2. 创建 MySQL 的运维账户 db_op_user，账户仅能从 172. 16. 10 网段 IP 登录，密码要求为“强密码”（长度至少 8 位，至少包含大小写字母、数字和特殊字符）。要求仅赋予权限为 INSERT、UPDATE、DELETE、CREATE、DROP、RELOAD、PROCESS、FILE、INDEX、ALTER、SHOW DATABASES、SHOW VIEW、CREATE USER。

3. 创建 MySQL 的备份账户 db_backup_user，账户仅能从 172. 16. 10 网段 IP 登录，密码为强密码，赋予权限为 RELOAD、PROCESS、backup_admin、select。

4. 创建 MySQL 监控账户 db_monitor_user，账户仅能从 172. 16. 10 网段 IP 登录，密码为强密码，账户具有权限为 SELECT、INSERT、UPDATE、DELETE、CREATE、DROP、RELOAD、FILE、REFERENCES、INDEX、ALTER。

5. 创建数据库的业务账户 db_biz_user，账户仅能访问数据库 shopdb，可从任意地址访问，密码为强密码，账户权限为 select、insert、delete、update、execute、show view、event。

6. 创建数据库 shopdb 的只读账户 db_readonly，可以从任意地址访问，密码为强密码，对数据库只可以查询权限。

【任务评价】

1. 自我评估与总结

（1）学习本任务，你掌握了哪些知识点？

____

____

____

____

（2）在学习本任务过程中，遇到了哪些困难？是如何解决的？

____

____

____

____

（3）谈谈你的心得体会。

____

____

____

____

2. 课堂自我评价（表 2-5）

表 2-5　课堂自我评价

班级		姓名		填写日期	
#	项目	评价要点		权重	得分
1	课前预习	能够按要求完成课前预习。 能够仔细阅读教材资料并记录。 能够提出疑问并自主检索资料。 能够与同组同学进行讨论。		20	
2	课中任务学习	能够认真听讲并记录。 能够在听讲过程中提出疑问。 能够与同组同学讨论并提出自己的观点。 能够认真听讲并回答老师的提问。		20	
3	课中任务实施	能够仔细听讲并完成实施任务。 能够正确填写实施报告。 能够与同组同学互相讨论并帮助同组成员解决问题。		40	
4	职业素养	具备团队协作能力，能主动与同组同学进行问题讨论，并协调和帮助同组成员解决问题。 具备开源精神与思想，遵守开源相关规范。 具备爱国之心，具有社会主义主人翁意识。		20	

忘记 root 密码如何处理?

MySQL 中 root 账户具有最高权限，如果 root 密码忘记了，会带来很多不便，那么是否可以找回密码或重置密码呢?

首先，MySQL 中无法找回密码，由于密码采用了加密机制进行存储，加密后的字符无法破解。

其次，重置密码是可行的，只需按照下述步骤执行即可。

（1）修改配置文件 my. cnf，在配置文件［mysqld］下添加 skip-grant-tables，重启 MySQL 服务即可免密码登录。

其中，--skip-grant-tables 选项的意思是启动 MySQL 服务的时候跳过权限表认证。启动后，连接到 MySQL 的 root 将不需要口令（危险）。

```
[mysqld]
skip-grant-tables
```

（2）用空密码的 root 用户连接到 MySQL，并且更改 root 口令。

依次执行命令如下：

```
mysql > Use mysql;
mysql> update user set password=password('123456') where User='root';
mysql> flush privileges;
```

（3）到 my. cnf 中删除 skip-grant-tables 选项，然后重启 MySQL 服务。

至此，MySQL 数据库 root 用户的密码修改完毕。

项目三

管理数据表

项目背景

对于关系型数据理论而言，数据表是数据进行逻辑存储的基本单位。数据表的创建来自数据模型的分析结果，而数据模型的分析来自需求。因此，准确的分析项目需求是数据库分析和建设的关键。

农产品网上商城的功能需求是：面向消费者提供产品分类（目录）检索、农产品展示与搜索、购物车与结算、订单管理、收货地址管理等。基于以上需求描述，可以分析出相应数据实体及实体间关系，继续完成物理模型的设计，最终完成数据表的创建。

本项目将学习创建数据表、管理数据表的语法和客户端工具的操作。数据表的设计通常不是一蹴而就的，而是根据需求的变化不断进行调整，因此，在设计数据表结构时适当地进行一些扩展（冗余）设计，可以快速解决需求变更等问题。

任务一 创建数据表

【任务目标】

1. 能够使用 SQL 创建数据表。
2. 能够使用图形化工具创建数据表。
3. 能够根据设计图完成数据表创建。
4. 掌握使用 SQL 创建数据表。
5. 掌握使用图形化工具创建数据表。
6. 能够根据设计图完成数据表创建。

【任务描述】

在项目二的任务中已经分析了“农副产品商城”的概念模型，概念模型中描述了网站中相关实体及实体间联系，现在可以将概念模型转换生成物理模型了。图 3-1 展示了商城的数据库物理模型。

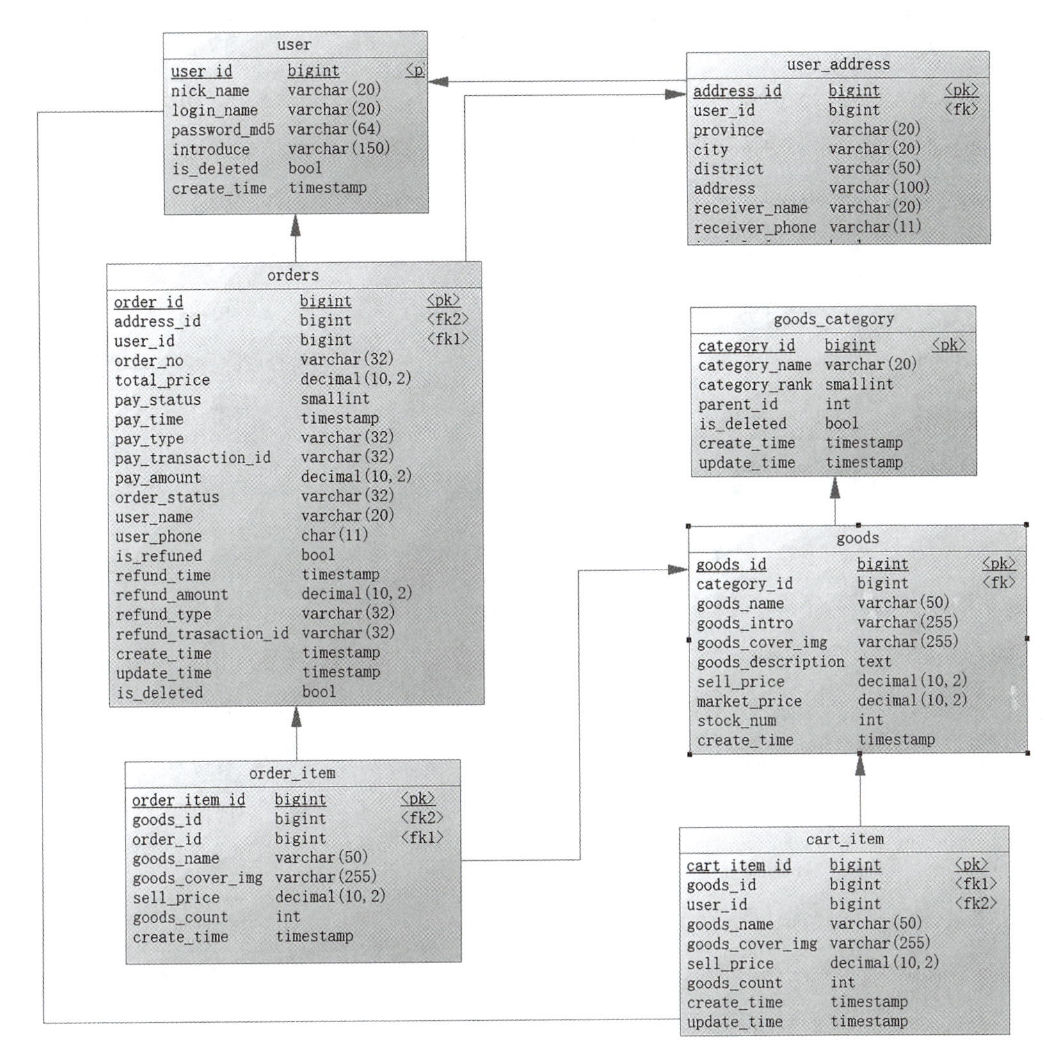

图 3-1　商城网站数据库物理模型设计

在概念模型中所描述的一对多关系，在物理模型中转换为外键，图 3-1 中箭头所示即为表间的外键关系。

本项目任务为完成商城网站的数据表创建。

商城网站各数据表字段含义说明见表 3-1～表 3-7。

表 3-1　user 用户表

字段名	字段类型	长度	允许空值	描述
user_id	bigint		N	用户编号，主键，自动递增
nick_name	varchar	20	N	昵称
login_name	varchar	20	N	登录名

续表

字段名	字段类型	长度	允许空值	描述
password_md5	varchar	64	N	登录密码（MD5 加密）
md5_salt	varchar	32	N	MD5 加密
introduce	varchar	150	Y	个人介绍
mobile	varchar	11	N	手机号，长度 11 位
email	varchar	255	N	邮箱地址
is_deleted	tinyint	1	N	是否删除，默认为 0
create_time	timestamp		N	创建时间
update_time	timestamp		Y	最后更新时间

表 3-2　user_address 用户收货地址表

字段名	字段类型	长度	允许空值	描述
address_id	bigint		N	地址编号，主键，自动递增
user_id	bigint	20	N	用户编号
province	varchar	20	N	省份
city	varchar	20	N	城市
district	varchar	20	N	行政区
address	varchar	100	N	详细地址
receiver_name	varchar	200	N	收件人姓名
receiver_phone	varchar	11	N	收件人手机号
is_default	tinyint	1	N	是否为默认地址，默认为 0
create_time	timestamp		N	创建时间
update_time	timestamp		Y	最后修改时间

表 3-3　goods_category 商品分类表

字段名	字段类型	长度	允许空值	描述
category_id	bigint		N	商品分类 ID，主键，自动递增
category_name	varchar	20	N	分类名称
category_rank	int		N	分类排序
parent_id	bigint		Y	上级分类 ID

续表

字段名	字段类型	长度	允许空值	描述
is_deleted	tinyint	1	N	是否删除
goods_count	int		N	商品数量
create_time	timestamp		N	创建时间

表 3-4 goods 商品表

字段名	字段类型	长度	允许空值	描述
goods_id	bigint		N	商品 ID，主键
category_id	bigint		N	分类 ID
goods_name	varchar	50	N	商品名称
goods_intro	varchar	255	N	商品介绍
goods_cover_img	varchar	255	Y	商品封面图
goods_description	text		Y	商品描述
sell_price	decimal	（10，2）	N	销售价格
market_price	decimal	（10，2）	Y	市场价格
stock_num	int		N	库存数量
is_deleted	tinyint	1	N	是否删除，默认为 0
create_time	timestamp		N	创建时间
update_time	timestamp		Y	最后更新时间

表 3-5 cart_item 购物车商品表

字段名	字段类型	长度	允许空值	描述
cart_item_id	bigint		N	主键，自动递增
goods_id	bigint		N	商品 ID
user_id	bigint		N	用户 ID
goods_name	varchar	50	N	商品名称
goods_cover_img	varchar	255	Y	商品封面图
sell_price	decimal	（10，2）	N	销售价格
goods_count	int		N	商品数量
create_time	timestamp		N	创建时间

表 3-6　orders 订单表

字段名	字段类型	长度	允许空值	描述
order_id	bigint		N	订单 ID，主键，自动递增
address_id	bigint		N	地址编号
user_id	bigint		N	用户编号
order_no	varchar	32	N	订单号
total_price	decimal	（10，2）	N	总价
pay_status	tinyint	1	N	支付状态：0-未支付，1-已支付
pay_time	timestamp		Y	支付时间
pay_type	varchar	32	Y	支付方式
pay_transaction_id	varchar	32	Y	支付流水号
order_status	varchar	32	N	订单状态：0-未支付，1-配送中，2-已收货，3-退款中，4-已退款
user_name	varchar	20	N	用户登录名
user_phone	varchar	11	N	用户手机号
is_refunded	tinyint	1	Y	是否退款
refund_time	timestamp		Y	退款时间
refund_amount	decimal	（10，2）	Y	退款金额
refund_type	varchar	20	Y	退款方式
refund_transaction_id	varchar	32	Y	退款流水号
create_time	timestamp		N	创建时间
update_time	timestamp		N	最后更新时间
is_deleted	tinyint	1	N	是否删除，默认为 0

表 3-7　order_item 订单商品表

字段名	字段类型	长度	允许空值	描述
order_item_id	bigint		N	ID，主键
order_id	bigint		N	订单 ID
goods_id	bigint		N	商品 ID
goods_name	varchar	50	N	商品名称
goods_cover_img	varchar	255	N	商品图片
sell_price	decimal	（10，2）	N	销售价格
goods_count	int		N	数量
create_time	timestamp		N	创建时间

【知识准备】

一、进一步理解数据表

1. 数据表是“关系”的体现

MySQL 是关系型数据库，关系型数据库的核心是关系模型，关系模型的基本元素是关系。一个关系又是由一组元组（tuple）和属性（attribute）组成的。元组可理解为现实中的实体（Entity），属性（Attribute）则为实体的特性。

例如，生活中的自行车即为实体，自行车具有品牌、价格等属性，这些品牌、价格数据即为自行车的“关系模型”。因此，如果希望在数据库中存储自行车的信息，则需要创建一张自行车数据表。

根据关系的概念可以看出，一个关系即为一个二维表结构，因此，数据库中的表即为关系的体现。图 3-2 展示了关系的基本特征。

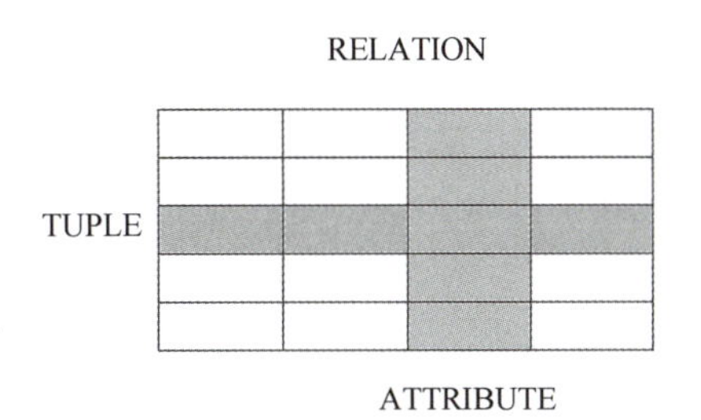

图 3-2　关系的基本特征

2. 数据表包括结构和数据两部分

一张数据表即表示了一个关系，数据表的行即对应了关系中的元组，一行数据表示了一个实体。数据表的列对应了关系中的属性，描述了关系的特征。

数据表的列对应关系中的属性，是数据表的结构。数据表中的数据行对应关系中的实体，是数据表的数据。

因此，数据表可理解为表结构和表数据两部分。

二、掌握 MySQL 数据类型

1. 产生数据类型的原因

数据类型的概念并不是 MySQL 数据库发明的或专有的，其和计算机系统结构密切相关。从底层来看，但凡需要计算机描述和表示的数据都需要指定其数据类型。数据类型指定了数据在计算机内部的存储方式和占用空间大小，并且根据系统结构不同，占用空间大小会有差异。

为什么需要有数据类型呢？可以先思考一个问题：酒店的客房为什么要分为单人间、双人间、家庭房等不同房型呢？很显然，划分房型是根据客人人数和特点来确定的，另外，划分房型也能让酒店的空间最大化利用。从此案例可以看到，日常生活中也是将数据归属于不同类型的。

计算机中最常用的数据类型是数值型和字符型。数值型又分为整数、浮点数，字符型分为单个字符和字符串。除此之外，还有布尔型（表示 0、1）、日期和时间型、数组等。

2. MySQL 支持的数据类型

MySQL 支持多种数据类型，主要有数值类型、字符串类型和日期和时间类型。

- 数值类型包括整数和浮点数，其中，整数包括 TINYINT、SMALLINT、MEDIUINT、

INT、BIGINT，浮点数包括 FLOAT 和 DOUBLE，定点小数类型 DECIMAL。

- 字符串类型可以分为文本字符串和二进制字符串，具体包括 CHAR、VARCHAR、BINARY、VARBINARY、BLOB、TEXT、ENUM 和 SET。
- 日期和时间类型包括 YEAR、TIME、DATE、DATETIME 和 TIMESTAMP。

1）数值类型

数值类型中，整数类型包含了多种，不同类型占用存储空间不同，存储值范围不同。表 3-8 中描述了整数类型占用存储空间大小和有无符号时的取值范围。

表 3-8　整数类型占用存储空间大小和有无符号时的取值范围

数据类型	存储字节	有符号	无符号
tinyint	1	-128~127	0~255
smallint	2	-32 768~32 767	0~65 535
mediumint	3	-8 388 608~8 388 607	0~16 777 215
int	4	-2 147 483 648~2 147 483 647	0~4 294 967 295
bigint	8	-9 223 372 036 854 775 808~9 223 372 036 854 775 807	0~18 446 744 073 709 551 615

提示

在使用整型数据类型时，经常会看到 tinyint（4）、int（11）这种写法，其中，（4）定义了类型的显示宽度，即能够显示的数字个数，而不是指定其取值范围，例如，int（3）并不是指定了其最大只能保存 999，而只是指定最多显示 3 个长度的数字。

如果使用时不指定显示宽度，MySQL 会为每种类型指定默认显示宽度，保证最大值、最小值都能够显示出来。默认显示宽度为 tinyint（4）、smallint（6）、mediumint（9）、int（11）、bigint（20）。

MySQL 中使用浮点数的定点数表示小数。浮点数包括单精度浮点数类型 float 和双精度浮点数类型 double。定义数类型为 decimal（m，n），其中，m 指定了总位数，n 指定了小数位数。

在存储字节长度上，float 占用 4 字节，double 占用 8 字节，decimal 则占用 m+2 字节。

提示

由于 float 和 double 都有固定的长度，因此，当存储数值超出精度范围时，将会自动四舍五入，并且没有警告提醒，需特别注意。

因此，当需要存储固定精度的浮点数或精度要求比较高时，应尽量选择 decimal，其存储长度不是固定的。另外，还要注意尽量不要执行浮点数之间的数学运算。

2）字符串类型

字符串类型分为文本字符串和二进制字符串，其中，二进制字符串可以用来存储图片、声音等二进制数据。本部分主要介绍文本字符串。表 3-9 详细列出了文本字符串具体类型。

表 3-9 文本字符串具体类型

类型名称	描述	存储字节
CHAR（M）	固定长度字符串	M 字节，M 取值［1，255］
VARCHAR（M）	变长字符串	最大 M 字节
TINYTEXT	极小文本字符串	最大 2^8-1 字节
TEXT	小文本字符串	最大 $2^{16}-1$ 字节
LONGTEXT	长（大）文本字符串	最大 $2^{32}-1$ 字节

提示

CHAR（M）为固定长度字符串，在存储长度不足 M 时，会自动右侧填充空格。M 的范围为 0~255。VARCHAR（M）为可变长度字符串，其中 M 取值范围为 0~65 535，但实际占用空间为实际字符大小+1，多加 1 为结束字符。

TINYTEXT、TEXT、LONGTEXT 用于保存长度较大的文本数据，例如，文章内容、小说正文等。

3）日期和时间类型

MySQL 中有多种表示日期和时间的数据类型，主要有 YEAR、DATE、DATETIME、TIME、TIMESTAMP。具体见表 3-10。

表 3-10 日期和时间类型

类型名称	日期格式	日期范围	存储长度
YEAR	YYYY	1901~2155	1
TIME	HH:MM:SS	-838:59:59~838:59:59	3
DATE	YYYY-MM-DD	1000-01-01~9999-12-31	3
DATETIME	YYYY-MM-DD HH:MM:SS	1000-01-01 00:00:00 ~9999-12-31 23:59:59	8
TIMESTAMP	YYYY-MM-DD HH:MM:SS	1970-01-01 00:00:01 UTC ~2038-01-19 03:4:07 UTC	4

提示

1. 日期和时间类型数据有格式要求，具体使用何种格式与数据库所设置时区及日期格式有关。MySQL 本身对日期和时间的格式检查是“宽松的”，例如 98-12-30 10:20:10、98.12.30 10+20+10 是等价的。

虽然 MySQL 没有对格式进行严格限制，但开发中建议使用特定的格式，通常使用日期和时间格式为 YYYY-MM-DD HH:MM:SS，其中，时间为 24 小时制。

2. DATETIME 与 TIMESTAMP 显示宽度都是 19 个字符，但 TIMESTAMP 取值范围更小，其中 UTC 表示世界标准时间，因此所存储的时间是当前时区的时间，当插入后时区发生变化，再取出来的时间会发生变化，在使用时需特别注意。

3. 日期和时间格式数据在表示时需使用单引号括起来。

三、理解存储引擎

1. 存储引擎的概念和作用

日常在使用计算机过程中会使用到不同类型的文件，例如，文本文件（.txt）、图片文件（.jpg、.png 等）、音乐文件（.mp3）等。文件为什么会有这么多格式呢？是因为不同类型的文件所存储和表示的数据不同。文本文件存储的是字符、图片文件存储的 RGB 图像数据、音乐文件存储的是音频二进制数据。不同类型的文件在存储和使用上都有各自的处理机制。

数据表依其存储数据在使用时的特征不同，也可划分为相应类型，这种表类型即为存储引擎。不同的存储引擎提供了不同的存储方式和数据在插入、删除和查询时的实现方式。

MySQL 中可以使用 show engines 命令查询支持的存储引擎。

2. MySQL 存储引擎分类

MySQL 支持多种存储引擎，本章只介绍常用的几种，分别是：

1）InnoDB

应用最广泛的存储引擎，从 MySQL 5.5.8 版本以后，InnoDB 成为数据表的默认存储引擎。InnoDB 存储引擎主要特点是支持事务、行级锁和外键。

如果要求数据在事务环境下保证完整性，在并发条件下保证数据一致性，数据操作中主要为更新和删除操作，那么 InnoDB 存储引擎即是最佳选择。InnoDB 能有效降低删除和更新导致的锁行，还可以确保事务的完整提交和回滚。因此，InnoDB 存储引擎非常适合用于类似计费系统或财务系统等对数据准确要求高的环境。

2）MyISAM

MyISAM 是 MySQL 5.5.8 版本以前数据表的默认存储引擎。如果某表数据操作主要为读取和插入，修改和删除占比较少，则 MyISAM 存储引擎即是最佳选择。MyISAM 存储引擎支持全文索引，不支持事务和表锁设计。

3）MEMORY

MEMORY 存储引擎中的数据存储在内存中。当数据库重启或发生崩溃时，表中的数据将消失。基于此特征，MEMORY 存储引擎适用于临时存储，其可以提供快速数据访问。MEMORY 的缺陷是对表的大小有限制，虽然数据库因为异常终止后数据可以正常恢复，但是一旦数据库关闭，存储在内存中的数据都会丢失。

四、使用 SQL 创建表

1. CREATE TABLE 语句

CREATE TABLE 语句的基本语法为：

```
CREATE TABLE [IF NOT EXISTS] tbl_name(
    column_list
) [table_option]
```

其中，tbl_name 指表名。IF NOT EXITS 用于判断表是否已经存在，若不存在，则新建。column_list 指字段列表。table_option 指表的配置选项。每个字段（列）定义语法为：

```
column_name data_type [NULL |NOT NUL] [DEFAULT val] [AUTO_INCREMENT] [comment '
string']
```

其中，column_name 为字段名；data_type 为数据类型，后续内容为字段的约束配置；[NULL | NOT NULL] 指定此字段是否允许空值；DEFAULT 定义默认值；AUTO_INCREMENT 表示自动递增。

提示

若字段设置 NULL，则表示此字段值不可以填写，其值即为 NULL。需要注意，NULL 与空字符串是不同的。

DEFAULT 用于定义默认值，即当字段没有被指定值时，将使用默认值填充。

AUTO_INCREMENT 自动递增表明此字段值由 MySQL 维护，MySQL 默认从 1 开始填充且每次递增 1。设置为自动递增的字段，其值不会重复。

案例：创建图书信息表 books，字段包括记录编号 id、图书编号 bookId、书名 name、作者姓名 author、出版社 publisher、价格 price。创建的 SQL 语句如下：

```
CREATE TABLE IF NOT EXITS books (
    id bigint NOT NULL AUTO_INCREMENT,
    bookId varchar(20) NOT NULL,
    name varchar(20) NOT NULL,
    author varchar(20) NOT NULL,
    publisher varchar(30) NULL,
    price decimal(5,2) DEFAULT 0
)
```

2. 为字段添加约束（Constraint）

约束的作用是保证表中记录的完整性和一致性，例如，当保存手机号时，可以通过添加设置其长度为 11 位。常用约束分如下：

1）非空约束

定义字段时，使用 NOT NULL 指定字段的值不能为空。

2）唯一性约束

唯一性约束指字段的值具有唯一性，不能重复。定义字段时使用 UNIQUE 关键字，但注意，唯一性约束可以为 NULL 值。

唯一性约束可以为单列，也可以为多列，若配置多列唯一，则需设置为“表级约束”。下述语句创建了（name，email）2 列的唯一约束。

```
CREATE TABLE t_user(
  id int(10),
  name varchar(32) NOT NULL,
  email varchar(128),
  UNIQUE(name,email)
);
```

3）主键（Primary Key）约束

主键（Primary Key，PK）是数据表中非常重要的概念，每张表都有且仅有一个主键，通过主键来唯一标识表中一行数据。主键可以是一列，也可以是多列。例如，学生信息表的主键即是学号，商品信息表的主键即是商品编号。在记录商品订单明细信息时，订单编号、商品编号两列可作为组合主键。

对于单列主键，可以在字段定义行之后添加 PRIMARY KEY 关键字，对于多列主键，则作为表级约束添加，如下所示。

```
--学生信息表,主键为学号
CREATE TABLE students (
    student_no varchar(10) NOT NULL PRIMARY KEY,
    --省略其他字段
)
--订单明细表,主键为(订单编号、商品编号)
CREATE TABLE order_detail(
    order_no varchar(20) NOT NULL COMMENT '订单编号',
    product_no varchar(20) NOT NULL COMMENT '商品编号',
    --其他字段省略
    PRIMARY KEY(order_no,product_no)
)
```

4）外键（Foreign Key）约束

主键描述的是一张表中的约束关系，外键则是描述了两张表之间的引用关系。例如，班级信息表 class_info（表 3-11）和学生信息表 students（表 3-12）。

表 3-11　班级信息表 class_info

字段名	字段类型	允许空值	描述
class_no	varchar（20）	否	班级编号，主键 PK
class_name	varchar（20）	否	班级名称
enrol_year	year	否	入学年份

表 3-12　学生信息表 students

字段名	字段类型	允许空值	描述
student_no	varchar（20）	否	学号，主键 PK
class_no	varchar（20）	否	班级编号
…	…	…	…

在学生信息表中记录了班级编号，很显然班级编号字段值应与班级信息表中的班级编号关联，即先存在班级信息才能新增学生信息。对于此种情况，学生信息表中的班级编号字段即为外键（Foreign Key，FK）。因此，外键约束也称外键引用，描述了子表与主表之间的引用关系。子表即外键字段所在的表，主表即为被引用的表。上述案例中，学生信息表为子表，班级信息表为父表，通过配置两表外键关系可保证数据一致性。

存在外键关系的两张表，在进行数据操作时需要注意：

（1）在插入数据时，应先向父表添加，再向子表添加。

（2）在删除数据时，应先删除子表数据，再删除父表数据。

（3）当父表数据（主键）更新时，可配置级联（cascade）策略，实现同步更新子表数据。

（4）当父表数据删除时，可配置级联策略，实现同步删除子表数据或设置子表外键字段值为 NULL。

定义外键关系使用 FOREIGN KEY 关键字，使用表级约束方法定义。上述案例创建 SQL 语句如下。

```
--班级信息表 class_info
CREATE TABLE class_info (
    class_no varchar(20) NOT NULL,
    class_name varchar(20) NOT NULL,
    PRIMARY KEY(class_no)
)
--学生信息表 students
CREATE TABLE students (
    student_no varchar(20) NOT NULL,
    class_no varchar(20) NOT NULL,
    PRIMARY KEY(student_no),
    FOREIGN KEY(class_no) REFERENCES class_info(class_no)
)
```

创建 students 表时的语句 FOREIGN KEY（class_no）REFERENCES class_info（class_no）即为创建外键约束，在语句中 FOREIGN KEY（class_no）部分指定了外键字段，REFERENCES class_info（class_no）部分指定了引用 class_info 表的 class_no 字段。

对父表主键进行更新或删除父表数据时，可配置面向子表的级联更新和级联删除，用于配置是否级联（同步）操作子表数据。默认的级联策略配置为严格检查（RESTRICT），即为在子表存在与父表关联数据时，不允许更新和删除父表主键值，此时如果更新或删除父表数据，MySQL 会返回错误信息：ERRRO 1451 - Cannot delete or update a parent row：a foreign key constraint fails。

若要配置级联策略，可配置的选项包括 CASCADE、SET NULL。CASCADE 为级联操作（更新、删除）子表、SET NULL 为将子表外键字段设置为空值 NULL。具体定义语法为：

```
FOREIGN KEY(class_no) REFERENCES class_info(class_no) ON UPDATE [CASCADE | RE-
STRICT | SET NULL] ON UPDATE CASCADE | RESTRICT | SET NULL]
```

5）检查（Check）约束

检查约束用于限定某字段值必须满足指定条件，例如，长度、格式、范围等。通过使用语法 check（表达式）方式进行配置，其中，“表达式”指由字段名组成并返回布尔值的约束条件。例如，分数字段 score 约束值范围必须在 0~100 之间的表达式写法为（score>=0 and score <=100）、性别字段 gender 约束取值男或女的表达式写法为（gender='男' or gender='女'）。

为字段添加检查约束有两种方式：第 1 种为在字段定义后使用 check（表达式）；第 2 种为表级约束，使用 constraint 约束名称 check（表达式）语法。以学生信息表 students 为例添加检查约束如下。

```
--学生信息表 students
CREATE TABLE students (
    student_no varchar(20) NOT NULL PRIMARY KEY ,
  class_no varchar(20) NOT NULL COMMENT '班级编号',
  gender char(1) NOT NULL COMMENT '性别' check(gender='男' or gender='女') ,
  score tinyint DEFAULT 0 COMMENT '成绩',
  CONSTRAINT ck_score check(score>=0 and score <=100)
  …省略其他配置
)
```

3. 查看表结构

在表创建完成后，可以通过命令 desc 表名或 show create table 表名方式查看表的定义。图 3-3 展示了上述两种命令的执行结果。

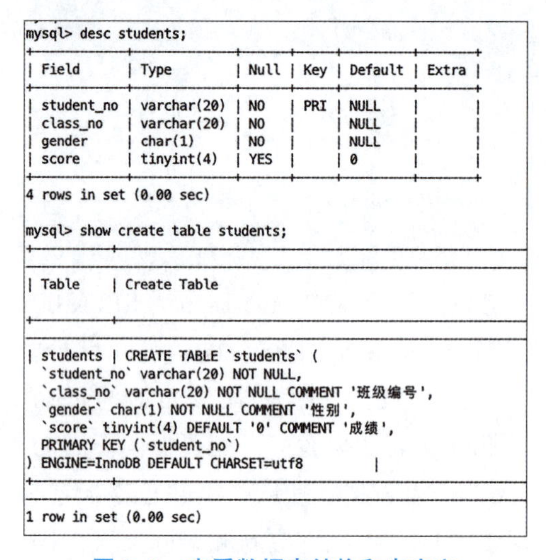

```
mysql> desc students;
+------------+-------------+------+-----+---------+-------+
| Field      | Type        | Null | Key | Default | Extra |
+------------+-------------+------+-----+---------+-------+
| student_no | varchar(20) | NO   | PRI | NULL    |       |
| class_no   | varchar(20) | NO   |     | NULL    |       |
| gender     | char(1)     | NO   |     | NULL    |       |
| score      | tinyint(4)  | YES  |     | 0       |       |
+------------+-------------+------+-----+---------+-------+
4 rows in set (0.00 sec)

mysql> show create table students;
+----------+-----------------------------------------------
| Table    | Create Table
+----------+-----------------------------------------------
| students | CREATE TABLE `students` (
  `student_no` varchar(20) NOT NULL,
  `class_no` varchar(20) NOT NULL COMMENT '班级编号',
  `gender` char(1) NOT NULL COMMENT '性别',
  `score` tinyint(4) DEFAULT '0' COMMENT '成绩',
  PRIMARY KEY (`student_no`)
) ENGINE=InnoDB DEFAULT CHARSET=utf8          |
+----------+-----------------------------------------------
1 row in set (0.00 sec)
```

图 3-3　查看数据表结构和表定义

五、使用 MySQL Workbench 创建表

1. 使用 MySQL Workbench 创建表

双击打开要操作的数据库，在数据库下的“Tables”上右击，选择“Create Table…”，如图 3-4 所示。

新打开的窗口如图 3-5 所示。各部分含义如下。

（1）Table Name：表名称。

（2）Schema：数据库名。

（3）Charset/Collation：字符集与字符排序规则。

（4）Engine：指定存储引擎。

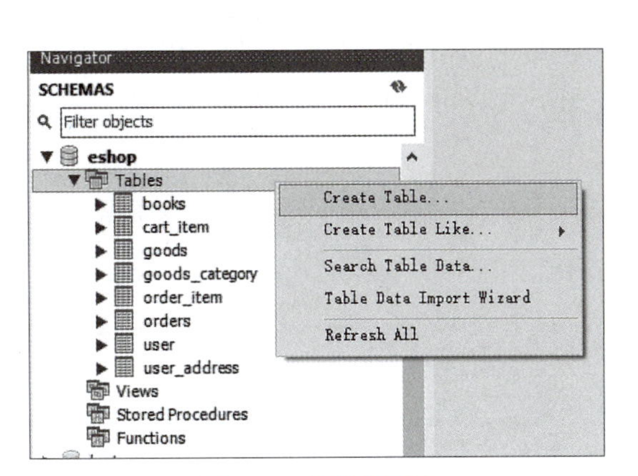

图 3-4　创建表图示

（5）Comments：备注信息。

（6）Column Name：字段名。

（7）DataType：数据类型。

（8）各复选框含义：PK 是否为主键、NN 是否非空、UQ 值是否唯一、B 是否为二进制数据、UN 是否为无符号数值、ZF 是否自动填充 0 数值型、AI 是否自动递增、G 是否自动生成列。

（9）Default/Express：指定默认值或约束表达式。

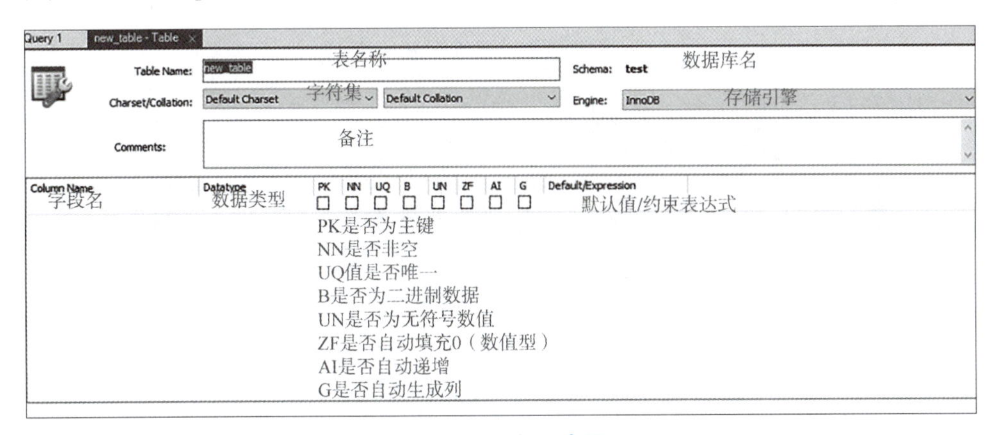

图 3-5　创建数据表界面

使用 MySQL Workbench 创建班级信息表，界面如图 3-6 所示。

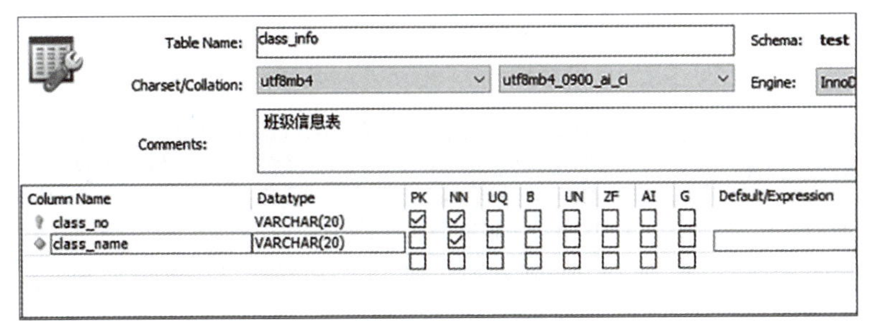

图 3-6　班级信息表字段列表

在完成字段设置后，单击窗口右下角的“Apply”按钮保存应用，弹出图 3-7 所示窗口。从窗口中可以看出，MySQL Workbench 自动生成了创建 SQL 语句，继续单击“Apply”按钮保存即可。

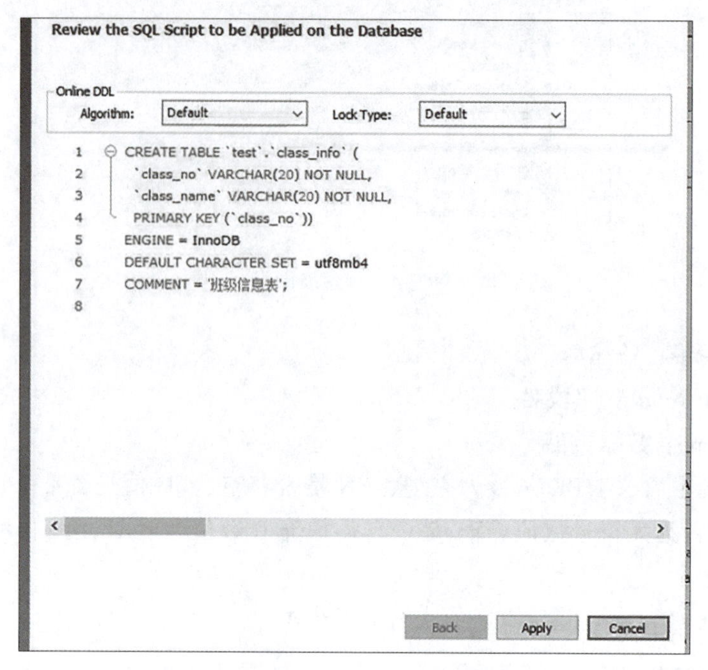

图 3-7　创建班级信息表 SQL 确认界面

继续创建学生信息表，完成字段设置，如图 3-8 所示。

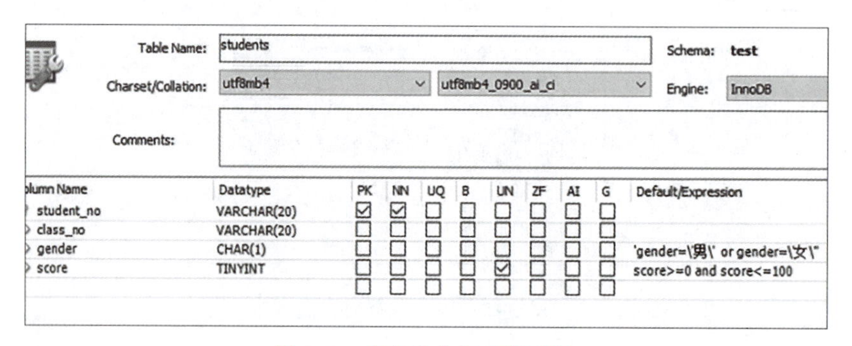

图 3-8　学生信息表字段列表

单击窗口底部 Foreign Keys 标签栏，打开外键配置窗口，如图 3-9 所示。界面中各部分含义如下。

（1）Foreign Key Name：指定外键约束名称，名称通常以 FK_开头。

（2）Referenced Table：指定引用的表，即父表。

（3）Column 与 Referenced Column：指定关联字段。

（4）Foreign Key Options：指定级联策略。当父表中数据发生改变时，子表数据如何操作等。

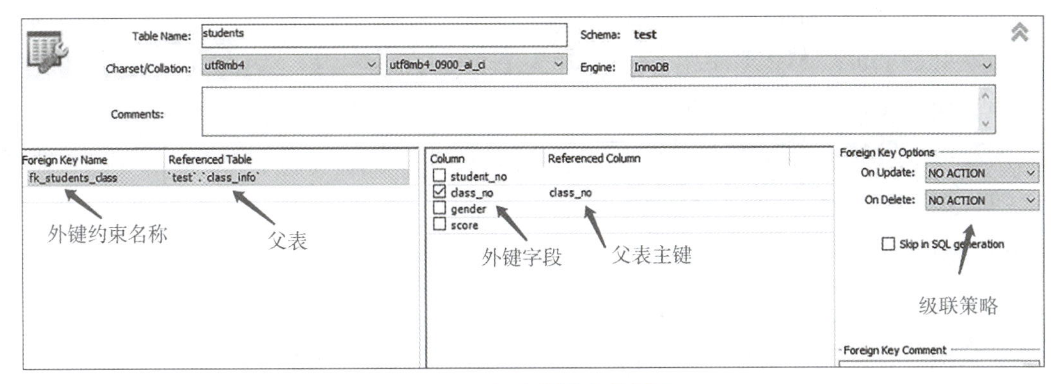

图 3-9　创建外键字段界面

2. 在 MySQL Workbench 中查看数据表

在数据表全部创建完成后，可以查看数据表列表，如图 3-10 所示。当光标移到表名之上时，其右侧会出现 3 个快捷图标，第 1 个图标为查看数据表信息，第 2 个图标为修改数据表结构，第 3 个图标为查看表数据。

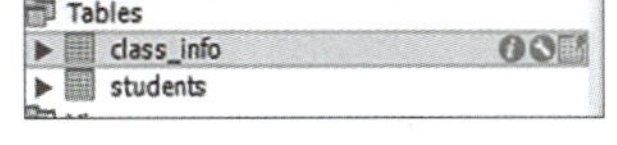

图 3-10　MySQL Workbench 中数据表的快捷提示

对数据表的所有操作都可以通过右击查看菜单，常用右键如图 3-11 所示。各选项含义如下。

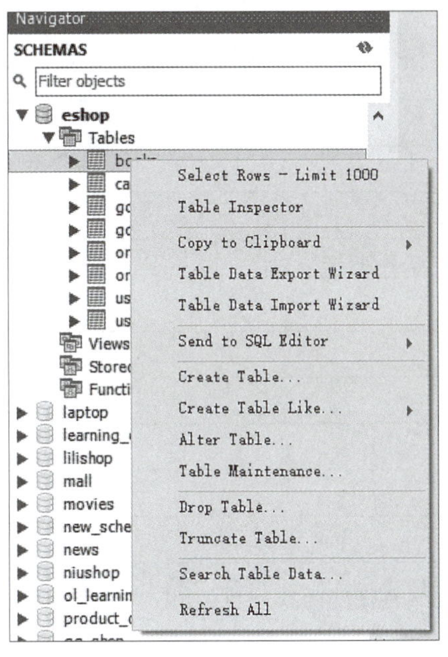

图 3-11　MySQL Workbench 数据表的快捷操作菜单

（1）Select Rows - Limit 1000：查看前 1 000 行数据。

（2）Table Inspector：查看表信息。

（3）Table Data Export Wizard：数据导出向导。

（4）Table Data Import Wizard：数据导入向导。

（5）Alter Table：修改表结构。

（6）Table Maintenance：表维护。

（7）Drop Table：删除表。

（8）Truncate Table：清空表数据。

【任务实施】

任务 1：使用 SQL 语句创建数据表。

1. 根据本节所述商城网站数据库的物理模型定义，编写创建 user 表的 SQL 语句并验证，将 SQL 语句填写至下方表格中。

____

____

____

____

____

____

2. 编写 SQL 语句创建 user_address 表，将 SQL 语句填写至下方表格中。

____

____

____

____

____

____

3. 编写 SQL 语句创建商品分类表 goods_category 并验证，将 SQL 语句填写至下方。

____

____

____

____

____

____

4. 编写 SQL 语句创建商品表 goods 并验证，将 SQL 语句填写至下方。

____

____

____

____

____

____

任务 2： 使用 MySQL Workbench 创建数据表。

1. 使用 MySQL Workbench 创建 orders 表。
2. 使用 MySQL Workbench 创建 order_item 表。
3. 使用 MySQL Workbench 创建 cart_item 表。

任务 3： 查询数据表定义

1. 使用 show create table 语句查询 orders 表的定义 SQL，并将结果填写至下方。

____

____

____

____

____

____

2. 使用 show create table 语句查询 order_item 的定义 SQL，并将结果填写至下方。

____

____

____

____

____

____

3. 使用 show create table 语句查询 cart_item 的定义 SQL，并将结果填写至下方。

____

____

____

____

____

____

【任务拓展】

外键使用规范

通过本任务的学习，可以看到，外键能够保证数据的完整性和一致性，但在实际中工作中外键并不常用。例如，阿里巴巴撰写的《Java 编程规范》中提出：

【强制】不得使用外键与级联，一切外键概念必须在应用层解决。

在公司中不使用外键，是由于如果每次做 DELETE 或者 UPDATE 都必须考虑外键约束，会导致开发和测试数据极为不方便。

外键约束是一种约束，这个约束的存在，会保证表间数据的关系“始终完整”。因此，外键约束的存在，并非全然没有优点。比如使用外键，可以保证数据的完整性和一致性级联操作方便将数据完整性判断托付给数据库完成，减少了程序的代码量。然而，鱼和熊掌不可兼得。外键的确能够保证数据的完整性，但是会给系统带来很多缺陷。正是因为这些缺陷，才导致我们不推荐使用外键。具体如下：

1. 性能问题

假设有用户表，名称为 users。表中有两个外键字段，外键字段分别指向两张表，则每次往 users 表里插入数据时，就必须向两个外键对应的表里查询是否有对应数据。如果交由程序控制，这种查询过程就可以由程序员手动控制，可以省略一些不必要的查询过程。若由数据库控制，则是必须要执行两次查询到这两张表里判断。

2. 并发问题

在使用外键的情况下，每次修改数据都需要去另外一个表检查数据，需要获取额外的锁。若是在高并发大流量事务场景，使用外键更容易造成死锁。

3. 扩展性问题

（1）平台迁移方便。比如从 MySQL 迁移到 Oracle，类似触发器、外键对象，可以利用框架本身的特性来实现，而不用依赖于数据库本身的特性，做迁移更加方便。

（2）分库分表方便。在水平拆分和分库的情况下，外键是无法生效的。将数据间关系的维护放入应用程序中，可为将来的分库、分表省去很多的麻烦。

4. 技术问题

使用外键，其实将应用程序应该执行的判断逻辑转移到了数据库上。那么这就意味着，数据库的性能开销变大了，从而对 DBA 的要求就更高了。很多中小型公司由于资金问题，并没有聘用专业的数据库管理员（DBA），因此，他们会选择不用外键，从而降低数据库的消耗。相反，如果该约束逻辑在应用程序中，发现应用服务器性能不够，可以加机器，做水平扩展。如果是在数据库服务器上，数据库服务器会成为性能“瓶颈”，做水平扩展比较困难。

【任务评价】

1. 自我评估与总结

（1）学习本任务，你掌握了哪些知识点？

____

____

____

____

____

（2）在学习本任务过程中，遇到了哪些困难？是如何解决的？

____

____

____

____

____

（3）谈谈你的心得体会。

____

____

____

____

____

2. 课堂自我评价（表 3-13）

表 3-13　课堂自我评价

班级		姓名		填写日期	
#	项目	评价要点		权重	得分
1	课前预习	能够按要求完成课前预习。 能够仔细阅读教材资料并记录。 能够提出疑问并自主检索资料。 能够与同组同学进行讨论。		20	
2	课中任务学习	能够认真听讲并记录。 能够在听讲过程中提出疑问。 能够与同组同学讨论并提出自己的观点。 能够认真听讲并回答老师的提问。		20	
3	课中任务实施	能够仔细听讲并完成实施任务。 能够正确填写实施报告。 能够与同组同学互相讨论并帮助同组成员解决问题。		40	
4	职业素养	具备团队协作能力，能主动与同组同学进行问题讨论，并协调和帮助同组成员解决问题。 具备开源精神与思想，遵守开源相关规范。 具备爱国之心，具有社会主义主人翁意识。		20	

任务二 管理数据表

【任务目标】

1. 能够使用 SQL 语句修改和删除数据表。
2. 能够使用图形化工具修改和删除数据表。
3. 掌握使用 SQL 语句修改和删除数据表。
4. 掌握使用图形化工具修改和删除数据表。

【任务描述】

上一个任务学习了使用命令行和图形化两种方式创建数据表。数据表可以从表结构和表数据两个层面来理解，表结构类似于房屋的结构，表数据则是房子内的家具。家具可以随意更换，但房子的结构却不能。数据库在使用时也遵循同样的规则，特别是线上的系统，执行在线修改表结构时，将会对系统的运行产生影响。因此，线上系统在升级表结构时通常会选择访问量较少的时间段进行。

数据库操作员若具有修改数据表结构的权限，通常也会具有删除数据表的权限。修改表结构将会对系统的运行产生影响，若是删除数据表，则产生的危害更大。以下是一则真实的恶意删除数据事件。

2018 年 6 月 4 日 14 时许，韩某在位于北京市某地的 L 公司，利用其担任数据库管理员并掌握公司财务系统 root 权限的便利，登录公司财务系统服务器，删除了财务数据及相关应用程序。

L 公司称，数据被删除，导致公司 EBS 系统无法登录和服务不可用，无法进行财务月结。

由于没有专业的技术人员，该公司紧急从杭州聘请了工程师恢复财务数据，花费 10 万元。随后又花费 8 万元完成了 EBS 系统的重建。

2018 年 7 月 31 日，被告人韩某被公安机关抓获归案。

北京市海淀区人民法院认为，被告人韩某对计算机信息系统中存储的数据和应用程序进行删除，后果特别严重，其行为已构成破坏计算机信息系统罪，依法应予惩处。

依照《中华人民共和国刑法》第二百八十六条第一款、第二款的规定，判决：被告人韩某犯破坏计算机信息系统罪，判处有期徒刑七年。

从上述事件可以看到，数据对于企业运营的重要性，数据库管理员不仅要求有过硬的技术水平，更要有良好的职业素质。

在日常数据库管理中，修改数据表结构和删除数据表要谨慎操作。在对数据库进行重大升级时，必须提前做好数据备份和故障恢复方案，从而保证数据在升级前后的完整和一致。

本任务主要学习如何修改表结构，学完本任务，你能够：

（1）掌握修改表结构的 SQL 语法。

（2）掌握外键创建的 SQL 语法。

（3）理解 Truncate Table 语句的执行原理。

【知识准备】

一、修改数据表结构

MySQL 中可以使用 ALTER TABLE 修改表结构信息，其用法非常丰富，功能包括添加和删除字段、修改字段名称和类型、管理约束等。下面以列表方式将上述常用操作汇总。

（1）删除字段。删除表 t1 中的字段 c。

```
ALTER TABLE t1 DROP COLUMN c
```

（2）新增字段。向表 t1 中插入新字段 d，类型为 TIMESTAMP。

```
ALTER TABLE t1 ADD d TIMESTAMP
```

（3）修改已有字段类型。修改字段 a 的类型为 TINYINT。

```
ALTER TABLE t1 MODIFY a TINYINT NOT NULL
```

（4）修改已有字段名称。修改表 t1 中的字段 b 名称为 b1。

```
ALTER TABLE t1 CHANGE b b1char(20)
```

CHANGE 关键字不仅可以修改字段名称，还可以同时修改字段类型，因此，在使用时需将字段类型一起加上，而 MODIFY 关键字只能修改字段类型。如果仅修改字段名称，可以使用 RENAME 关键字，语法为：

```
ALTER TABLE t1 RENAME b TO b1
```

（5）修改表 t1，为字段 a 添加唯一约束。

```
ALTER TABLE t1 ADD UNIQUE(a)
```

（6）修改表名称。

```
--修改表 t1 的名称为 t2
ALTER TABLE t1 RENAME t2
```

（7）修改表存储引擎。

```
--修改表 t1 的存储引擎为 MyISAM
ALTER TABLE t1 ENGINE = MyISAM
```

（8）管理检查约束。

MySQL 8.0.16 及以后版本支持对表中现有检查约束进行删除和添加新检查约束。

①新增检查约束。

```
--向表 t1 中字段 c 新增检查约束,约束条件为 c>10,约束名称为 ck_c
ALTER TABLE t1 ADD CONSTRAINT ck_c CHECK(c>10)
```

②删除已有检查约束。

```
--删除表 t1 中的检查约束 ck_c
ALTER TABLE t1 DROP CHECK ck_c
```

（9）管理外键约束。

外键约束描述了 2 张表之间的引用关系，在向已有表中新增和删除外键约束时，需注意引用字段类型、现有值是否匹配等问题，因此，上述任一条件不满足将导致外键无法添加。另外，由于外键约束创建在子表中，因此应对子表进行操作。

①新增外键约束。

```
--向表 t1 中新增外键约束,约束名称为 fk_t1_fid,外键字段 cid 引用父表 t2 中的 id 字段。
ALTER TABLE t1 ADD CONSTRAINT fk_t1_fid FOREIGN KEY(cid) REFERENCES t2(id)
```

②删除现有外键约束。

```
--删除表 t1 中的外键约束 fk_t1_fid
ALTER TABLE t1 DROP CONSTRAINT fk_t1_fid
```

二、删除数据表

在之前的章节中讲过，使用 DROP DATABASE 语句可以删除数据库，在删除数据表中字段时，也使用了 DROP 关键字，因此，可以总结出 DROP 关键字在 SQL 语句中的主要作用是删除某一数据对象，这里的数据对象可能是数据库、数据表、字段、约束、索引等。

删除数据库使用 DROP TABLE 语句。删除操作在使用时需要非常谨慎，在执行后将删除数据表结构和表数据。在删除存在外键引用关系的父表时，若子表存在引用数据，则删除失败。

```
--删除表 t1
DROP TABLE t1
```

若发生了误删除操作，若 MySQL 开启了 binlog 日志功能，可以通过查找被删除数据表的 binlog 日志文件进行恢复，具体操作过程将在后续章节中讲解。

三、清空表数据

在数据库运维过程中，很少会有删除数据表的操作，大部分的时候只有在确保数据已经备份的前提下才会进行删除，反而对数据的操作更加常用。但仍需注意，在运维时执行任何删除操作前，都应再三确认需求和数据备份，切记不可直接执行删除，因此，在任何时候数据都是系统中最宝贵的资源。

清空表数据可以使用 DELETE TABLE 和 TRUNCATE TABLE 语句。前者可以删除表中部分或所有数据，后者只能用于删除表中所有数据。两者的另一区别是使用 DELETE TABLE 清空表数据后，数据可以被恢复，使用 TRUNCATE TABLE 则不能被恢复，因此使用时需格外小心。这一特征与在 Windows 操作系统使用中的 Delete 键和 Shift+Delete 组合键操作类似。在 Windows 中使用 Delete 键删除某个文件，文件只是移到了回收站，并没有完全删除，可以被恢复。使用 Shift+Delete 组合键删除文件，是真正删除，通过系统本身无法恢复。上述特征与 DELETE TABLE 语句、TRUNCATE TABLE 语句作用相同。

```
--使用 DELETE TABLE 语句清空表数据
DELETE TABLE t1
--使用 TRUNCATE TABLE 语句清空表数据
TRUNCATE TABLE t1
```

【任务实施】

任务 1：修改数据表结构。

根据以下问题完成相应任务，并将 SQL 语句填写至相应方框中。

1. 修改用户信息表 user 中字段 mobile 名称为 tel。

____

____

2. 修改用户信息表 usr 中 mobile 字段类型为 char（11）。

____

____

3. 向用户信息表 user 中新增字段 col，类型为 varchar（32），允许为空。

____

____

4. 修改用户信息表 user，删除字段 col。

____

____

5. 修改用户信息表 user，为字段 mobile 添加唯一约束。

____

____

6. 修改用户信息表 user，为字段 mobile 添加检查约束，约束条件为 length(mobile)= 11。

____

____

任务 2：清空数据表。

1. 编写 SQL 语句清空表 user_address 中的数据（使用 DELETE TABLE 语句），将 SQL 语句填写至下方。

____

____

2. 编写 SQL 语句截断（truncate）表，将 SQL 语句填写至下方。

____

____

【任务拓展】

理解日志文件在数据库中的重要性

生活中很多人有写日记和记账的习惯，日记本和账本就是记录生活和财务收支的日志。同样，计算机在运行中的某一时刻会同时发生很多操作，例如，网络数据包收发、软件启动或关闭、执行某软件功能等，这些运行过程都会产生或留下运行日志，日志中记录了各个操作的详细状态（何时何地发生何事和影响数据）。

记录日志是业务系统运行维护中非常重要的一部分，日常通过查看日志可以判断业务系统运行状态是否良好，进一步提取和分析日志可以提炼出更多有价值信息、在发生故障时通过日志回溯分析可以判断和查找问题点，为发现和解决问题提供事实依据。

数据库日志文件在对数据库运行维护中更加重要，因为数据库日志不仅能够实现上述功能，还能够依据日志恢复被误删除的数据。因此，在数据库备份时，不仅要备份数据，还要备份日志文件。

日志是 MySQL 数据库重要的组成部分，其记录了数据库运行期间各类运行状态，例如，MySQL 启动与关闭、数据库操作、数据表操作和数据操作等各类信息。MySQL 日志包括：

（1）错误日志：记录在 MySQL 启动、运行或停止中遇到的问题。

（2）通用查询日志：记录建立的客户端连接和执行的语句。

（3）慢查询日志：记录执行时间超过指定秒（long_query_time 参数）的所有查询或不使用索引的查询。

（4）事务日志。

（5）二进制日志：记录更新数据的语句。

在日常运维过程中主要关注二进制日志（binlog）和事务日志（redo log 和 undo log）。

（1）二进制日志 binlog。

MySQL 的二进制日志文件是一种记录数据库中更改操作的机制，日志文件以二进制格式记录了如插入、更新、删除等更改操作的详细细节。二进制日志是数据库备份的重要组成部分。通过记录对数据库的更改，它允许生成增量备份，只包含自上次完整备份以来的更改，从而减少了备份所需的时间和存储空间。二进制日志是 MySQL 实现主从复制的关键机制。在主从复制中，主服务器将其对数据库的更改操作写入二进制日志，而从服务器则读取这些日志并在自身执行相同的操作，从而实现数据的同步。二进制日志可用于恢复丢失的数据。通过回放（redo）二进制日志中的操作，可以还原到发生错误之前的状态，从而提高数据库的安全性。二进制日志文件通常包括一个索引文件（mysql-bin. index）和多

个数据文件（例如，mysql-bin.000001）。索引文件包含了所有二进制日志文件的列表和其对应的位置信息，数据文件包含了实际记录的更改操作。

（2）重做日志 redo log。

重做日志是一种用于提高数据库系统恢复性能和保证事务持久性的机制。重做日志记录了对数据库进行的修改操作，以便在系统崩溃或发生故障时，可以通过重做日志重新执行这些操作，从而将数据库恢复到一致的状态。重做日志是实现事务的持久性（Durability）的关键机制之一。在事务进行提交之前，对数据库的修改会首先写入重做日志中，然后再写入数据库，确保了即使在系统崩溃或发生故障的情况下，可以通过重做日志进行恢复，从而保障事务的持久性。重做日志的另一个作用是提高数据库系统的恢复性能。通过记录对数据库的修改操作，系统在崩溃后不需要重新执行整个事务，而是可以通过重做日志中的信息快速将数据库恢复到最后一次正常状态，从而减少了恢复时间，提高了系统的可用性。

（3）回滚日志 undo log

回滚日志是用于支持事务回滚操作，其记录了事务对数据库的修改，在事务回滚时，系统可以使用回滚日志来撤销这些修改，将数据库恢复到事务开始之前的状态。回滚日志还是实现事务的原子性（Atomicity）的关键机制之一。原子性要求事务要么完全执行，要么完全回滚，不允许部分执行。当事务执行时，对数据库的修改会首先写入回滚日志中，然后再写入数据库。回滚日志也用于实现事务的隔离性（Isolation）。当一个事务正在执行时，对应的修改会在 Undo Log 中创建，并且其他事务看不到这个事务的未提交修改。这使得每个事务似乎在独立地操作数据，从而增加了并发性。

【任务评价】

1. 自我评估与总结

（1）学习本任务，你掌握了哪些知识点？

____

____

____

____

（2）在学习本任务过程中，遇到了哪些困难？是如何解决的？

____

____

____

____

（3）谈谈你的心得体会。

____

____

____

____

2. 课堂自我评价（表 3-14）

表 3-14 课堂自我评价

班级		姓名		填写日期	
#	项目	评价要点		权重	得分
1	课前预习	能够按要求完成课前预习。 能够仔细阅读教材资料并记录。 能够提出疑问并自主检索资料。 能够与同组同学进行讨论。		20	
2	课中任务学习	能够认真听讲并记录。 能够在听讲过程中提出疑问。 能够与同组同学讨论并提出自己的观点。 能够认真听讲并回答老师的提问。		20	
3	课中任务实施	能够仔细听讲并完成实施任务。 能够正确填写实施报告。 能够与同组同学互相讨论并帮助同组成员解决问题。		40	
4	职业素养	具备团队协作能力，能主动与同组同学进行问题讨论，并协调和帮助同组成员解决问题。 具备开源精神与思想，遵守开源相关规范。 具备爱国之心，具有社会主义主人翁意识。		20	

项目四

查询数据

项目背景

在一个企业级系统中，数据查询是系统中执行最频繁的操作。思考一下，我们在每天的上网活动中绝大多数的操作其实都是数据的获取，例如，浏览新闻、查看商品等，这些操作对数据而言都是查询。如果按照 80/20 原则，那么大约 80%的数据操作都是查询操作。

数据查询操作也是数据库开发和管理过程中最复杂的操作之一。数据查询不仅包括列表查询（例如，查看商品列表）、详情查询（例如，查看商品详情），还包括复杂的统计分析（例如，查看年度消费报表），并且在统计时通常会涉及多张数据表（或数据库）的连接操作。因此，学习数据查询对于以后的数据库管理和程序开发都是非常重要的，特别是理解数据库执行查询的原理，对于优化数据库性能具有重要帮助。

本项目所述查询语句都为标准 SQL 中支持的规范，所述查询语句不仅适用于 MySQL，还适用于其他关系型数据库，如 SQL Server 等。

任务一 简单查询

【任务目标】

1. 能够编写单表的查询语句。
2. 掌握 SELECT 基本查询语句语法。
3. 掌握 SQL 语句排错方法。
4. 能够独立定位和解决查询语句中的问题。
5. 能够运用查询解决实际工作问题。

【任务描述】

本任务是学习数据查询语句的第一个任务，对比之前章节的数据管理等语句后，你会发现查询语句更加复杂，但无论题目如何复杂，理清需求仍然是重中之重，明确需求才能明确最终查询的数据特征，继续分步编写查询语句。

学习完本任务，你能够：

①掌握查询 SELECT 语句的结构。
②掌握筛选查询语句的编写并应用。
③掌握对查询结果排序的语法。
④掌握限制查询返回行数的语法。

【知识准备】

一、数据查询

MySQL 中使用 SELECT 语句完成查询，SELECT 语句的基本格式为：

```
SELECT
      {*|<字段列表>}
FROM <表 1>, <表 2>...
[WHERE <表达式>
[GROUP BY <group by definition>]
[HAVING <expression> [{<operator> <expression>}...]]
[ORDER BY <order by definition>]
[LIMIT [<offset>, ] <row count>]
```

各子句的含义如下：

（1）{*|<字段列表>}包含星号通配符选择字段列表，表示查询的字段，其中，字段列至少包含一个字段名称，如果要查询多个字段，多个字段之间用逗号隔开，最后一个字段后不要加逗号。

（2）FROM <表 1>, <表 2>…，表 1 和表 2 表示查询数据的来源，可以是单个或者多个。

（3）WHERE 子句是可选项，如果选择该项，将限定查询行必须满满足的查询条件。

（4）GROUP BY <字段>，该子句告诉 MySQL 如何显示查询出来的数据，并按照指定的字段分组。

（5）[ORDER BY <字段>]，该子句告诉 MySQL 按什么样的顺序显示查询出来的数据，可以进行的排序有：升序（ASC）、降序（DESC）。

（6）[LIMIT [<offset>,] <row count>]，该子句告诉 MySQL 每次显示查询出来的数据条数。

SELECT 的可选参数比较多，接下来将从最简单的开始，一步一步深入学习之后，相信你会对各个参数的作用逐渐会有清晰的认识。

下面以图书数据表 books 为例讲解基本查询各个语法。首先定义数据表，输入语句如下：

```
CREATE TABLE books(
    id   char(10) NOT NULL COMMENT '图书编号' ,
    cid  INT  NOT NULL  COMMENT '图书分类编号' ,
    name  char(255)  NOT NULL  COMMENT '图书名称' ,
    price decimal(8,2)    NOT NULL  COMMENT '图书价格' ,       PRIMARY KEY(id)
  );
```

为了演示如何使用 SELECT 语句，需要插入如下数据：

```
INSERT INTO books (id, cid, name, price)
VALUES('a1', 101, 'apple',55.2),
          ('b1',101, 'blackberry', 50.2),
              ('bs1',102, 'orange', 60.2),
          ('bs2',105, 'melon',38.2),
          ('t1',102, 'banana', 40.3),
          ('t2',102, 'grape', 50.3),
          ('o2',103, 'coconut', 9.2),
          ('c0',101, 'cherry', 3.2);
```

二、查询所有字段

1. 在 SELECT 语句中使用星号（＊）通配符查询所有字段

SELECT 查询记录最简单的形式是从一个表中检索所有记录，实现的方法是使用星号（＊）通配符指定查找所有列的名称。语法格式如下：

```
SELECT  *  FROM 表名;
```

【例】从 books 表中检索所有字段的数据，SQL 语句如下：

```
SELECT * FROM books;
```

可以看到，使用星号（＊）通配符时，将返回所有列，列按照定义表时候的顺序显示。

2. 在 SELECT 语句中指定所有字段

下面介绍另外一种查询所有字段值的方法。根据前面 SELECT 语句的格式，SELECT 关键字后面的字段名为将要查找的数据，因此可以将表中所有字段的名称跟在 SELECT 子句后面，如果忘记了字段名称，可以使用 DESC 命令查看表的结构。有时候，由于表中的字段可能比较多，不一定能记得所有字段的名称，因此该方法会很不方便，不建议使用。例如，查询 books 表中的所有数据，SQL 语句也可以书写如下。

```
SELECT id, cid , name, price FROM books;
```

提示

一般情况下，除非需要使用表中所有的字段数据，最好不要使用通配符“＊”。使用通配符虽然可以节省输入查询语句的时间，但是获取不需要的列数据通常会降低查询和所使用的应用程序的效率。通配符的优势是，当不知道所需的列的名称时，可以通过它获取。

三、查询单个或多个字段

1. 查询单个字段

【例】查询表中的某一个字段。语法格式为：

```
SELECT 列名 FROM 表名;
```

【例】查询 books 表中 name 列所有图书名称。SQL 语句如下：

```
SELECT name FROM books;
```

该语句使用 SELECT 声明从 books 表中获取名称为 name 字段下的所有图书名称，指定字段的名称紧跟在 SELECT 关键字之后，查询结果如下：

```
SELECT name FROM books;
```

2. 查询多个字段

使用 SELECT 声明，可以获取多个字段下的数据，只需要在关键字 SELECT 后面指定要查找的字段的名称，不同字段名称之间用逗号（，）分隔开，最后一个字段后面不需要加逗号。语法格式如下：

```
SELECT 字段名 1,字段名 2, …,字段名 n  FROM 表名;
```

【例】从 books 表中获取 name 和 price 两列，SQL 语句如下：

```
SELECT name, price FROM books;
```

该语句使用 SELECT 声明从 books 表中获取名称为 name 和 price 两个字段下的所有图书名称和价格，两个字段之间用逗号分隔开。

四、查询指定记录

数据库中包含大量的数据，根据特殊要求，可能只需要查询表中的指定数据，即对数据进行过滤。在 SELECT 语句中，通过 WHERE 子句可以对数据进行过滤，语法格式为：

```
SELECT 字段名 1,字段名 2, …,字段名 n
FROM 表名
WHERE 查询条件
```

在 WHERE 子句中，MySQL 提供了一系列的条件判断符，查询结果见表 4-1。

表 4-1　WHERE 条件判断符

操作符	说明
=	相等
<>, !=	不相等
<	小于
<=	小于或等于
>	大于
>=	大于或等于

【例】查询价格为 10.2 元的图书的名称，SQL 语句如下：

```
SELECT name, price
FROM books
WHERE price = 10.2;
```

该语句使用 SELECT 声明从 books 表中获取价格等于 10.2 的图书的数据，从查询结果可以看到，价格为 10.2 的图书的名称是 blackberry，其他的均不满足查询条件，查询结果如下：

```
SELECT name, price  FROM books  WHERE price = 10.2;
```

【例】查找名称为“apple”的图书的价格，SQL 语句如下：

```
SELECT name, price FROM books WHERE name = 'apple';
```

该语句使用 SELECT 声明从 books 表中获取名称为“apple”的图书的价格，从查询结果可以看到，只有名称为“apple”行被返回，其他的均不满足查询条件。

```
SELECT name, price FROM books WHERE name = 'apple';
```

【例】查询价格低于 10 的图书的名称，SQL 语句如下：

```
SELECT name, price FROM books WHERE price < 10;
```

五、使用 ORDER BY 对查询结果进行排序

在查询数据时，经常需要对结果进行排序，例如，新闻系统中需要根据新闻的发布日期倒序排列，用于查询最新发表的新闻。商城系统一般提供了根据销量排序等商品检索功能。在 MySQL（标准 SQL）中可以使用 ORDER BY 指定排序方式。使用方法为：

```
select 字段列表 from 表名 order by 字段名 [asc |desc]
```

其中，asc 是默认值，表示升序排列；desc 指倒序排列。

【例】查询所有图书，并根据价格倒序排列。

```
select id,cid,name,price from books order by price desc
```

order by 子句支持同时设置多个字段进行排序。若前 1 个字段的值相同，则按第 2 个字段的值进行排序。

【例】查询所有图书，并根据价格倒序排列。若存在价格相同，则按分类升序排序。

```
select id,cid,name,price from books order by price desc , cid asc
```

从上述案例可以看出，order by 子句可以同时对多个字段进行依次排序，若前一字段值相同，则按照之后的字段进行排序。

六、使用 LIMIT 指定返回行数

有时并不想查询所有行，只希望查询出部分符合条件的记录。本节学习 LIMIT 子句的作用即是限制返回的行数。

LIMIT 子句的语法为：

```
LIMIT [位置偏移量,] 行数
```

第一个“位置偏移量”参数指示 MySQL 从哪一行开始显示，是一个可选参数，如果不指定“位置偏移量”，将会从表中的第一条记录开始（第一条记录的位置偏移量是 0，第二条记录的位置偏移量是 1，依此类推）；第二个参数“行数”指示返回的记录条数。

【例】显示 books 表查询结果的前 4 行，SQL 语句如下：

```
SELECT  *  From books LIMIT 4;
```

【例】在 books 表中，使用 LIMIT 子句，返回从第 5 个记录开始的，行数长度为 3 的记录，SQL 语句如下：

```
SELECT  *  From books LIMIT 4, 3;
```

可以看到，该语句指示 MySQL 返回从第 5 条记录行开始之后的 3 条记录。第一个数字 4 表示从第 5 行开始（位置偏移量从 0 开始，第 5 行的位置偏移量为 4），第二个数字 3 表示返回的行数。

所以，带一个参数的 LIMIT 指定从查询结果的首行开始，唯一的参数表示返回的行数，即“LIMIT n”与“LIMIT 0, n”等价。带两个参数的 LIMIT 可以返回从任何一个位置开始的指定的行数。

返回第一行时，位置偏移量是 0。因此，“LIMIT 1, 1”将返回第二行，而不是第一行。

【任务实施】

任务： 根据要求，完成查询语句编写。

阅读课前知识准备内容，根据项目二和项目三所分析和创建的商城数据表，上机完成以下题目，并将答案写在题目下方。

1. 查询所有商品（商品表为 goods）。

____

____

2. 查询所有商品的编号、名称和销售价格。

____

____

3. 查询编号为 1001010 的图书信息。

____

____

4. 查询分类为 1010 的图书信息。

____

____

5. 查询 1010 分类下的所有图书，并按价格从高到低排列。

____

____

6. 查询所有图书信息，并按分类排列，相同分类图书按价格倒序。

7. 查询在日期 2022-05-01 之后创建的订单信息。

8. 查询 2022-05-01 当天下单，且总价最高的 3 笔订单信息。

9. 查询在 2022-05-01 至 2022-05-03 之间创建且已支付的订单信息。

10. 查询 2022-05-01 当天下单的所有用户名。

11. 查询 2022-05-01 当天最早注册的用户登录名和昵称。

【任务拓展】

空值和空字符的区别

日常开发中，一般都会涉及数据库的增、删、改、查，不可避免地会遇到 MySQL 中的 NULL 和空字符。空字符（''）和空值（null）表面上看都是空，其实存在一些差异，下面来看一下各自的定义。

（1）空值（null）的长度是 null，不确定占用了多少存储空间，但却是占用存储空间的。

（2）空字符串（''）的长度是 0，是不占用空间的

二者虽然看起来都是“无数据”，但是有着本质的区别，主要包括以下几点：

（1）在进行 count()统计时，对于 null 值，系统会自动忽略，但是空字符会进行统计。不过 count(＊) 会被优化，直接返回总行数，包括 null 值。

（2）判断 null 用 is null 或 is not null，SQL 可以使用 ifnull()函数进行处理；判断空字符用='' 或者!='' 进行处理。

（3）对于 timestamp 数据类型，插入 null 值会是当前系统时间；插入空字符，则出现 0000-00-00 00:00:00。

下面通过案例详细看一下两者的区别。

【例】创建表 test_tbl，并插入 4 行数据。

```
CREATE TABLE test_tbl (
id int,
    col_a varchar(128),
    col_b varchar(128) not null
);
insert test_tbl (id,col_a,col_b) values(1,1,1);
insert test_tbl (id,col_a,col_b) values(2,'','');
insert test_tbl (id,col_a,col_b) values(3,null,'');
insert test_tbl (id,col_a,col_b) values(4,null,1);
```

首先比较空字符（''）和空值（null）查询方式的不同。

```
mysql> select * from test_tbl where col_a = '';
mysql> select * from test_tbl where col_a is null;
```

由以上可见，null 和'' 的查询方式不同。而且比较字符 =、>、<、<>不能用于查询 null，如果需要查询空值（null），需使用 is null 和 is not null。

其次，测试算术运算。

```
mysql> select col_a+1 from test_tbl where id = 4;
```

执行结果如图 4-1 所示。

```
mysql> select col_b+1 from test_tbl where id = 4;
```

执行结果如图 4-2 所示。

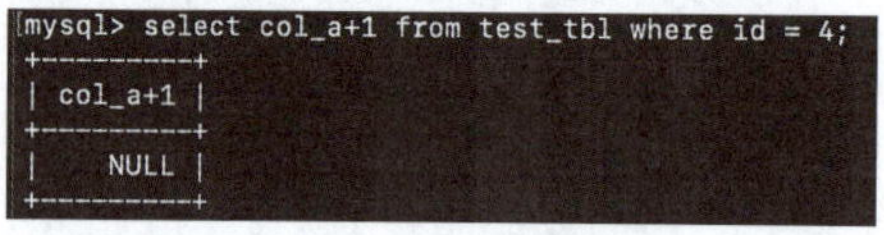

```
mysql> select col_a+1 from test_tbl where id = 4;
+-----------+
| col_a+1 |
+-----------+
|      NULL |
+-----------+
```

图 4-1　空值（null）进行算术运算结果

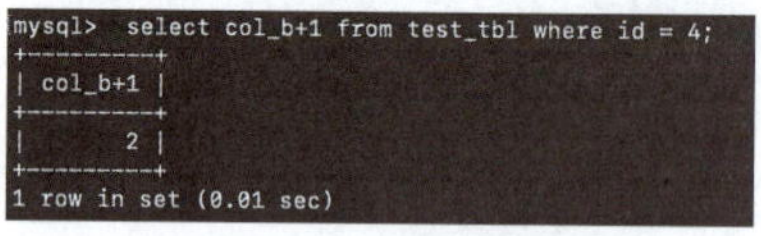

```
mysql>  select col_b+1 from test_tbl where id = 4;
+-----------+
| col_b+1 |
+-----------+
|         2 |
+-----------+
1 row in set (0.01 sec)
```

图 4-2　空字符串执行算术运算结果

由此可见，空值（null）不能参与任何计算，因为空值参与任何计算都为空。所以，当程序业务中存在计算的时候，需要特别注意。如果一定要参与计算，则需使用 ifnull 函数，将 null 转换为'' 才能正常计算。

最后，统计数量的区别。

执行以下代码查看数据。

```
mysql> select count(col_a) from test_tbl;
```

执行结果返回：2。

```
mysql> select count(col_b) from test_tbl;
```

执行结果返回：4。

由此可见，当统计数量的时候，空值（null）并不会被当成有效值去统计。同理，sum()求和的时候，null 也不会被统计进来，这样就能理解为什么 null 计算的时候结果为空，而 sum()求和的时候结果正常了。

所以在设置默认值的时候，尽量不要用 null 当默认值，如果字段是 int 类型，默认为 0；如果是 varchar 类型，默认值用空字符串（''）会更好一些。带有 null 的默认值还是可以使用索引的，只是会影响效率。当然，如果确认该字段不会用到索引，也是可以设置为 null 的。

在设置字段的时候，可以将字段设置为 not null，因为 not null 这个概念和默认值是不冲突的。在设置默认值为（''）的时候，虽然避免了 null 的情况，但是可以能存在直接给字段赋值为 null 的情况，这样数据库中还是会出现 null，所以强烈建议都给字段设置为 not null。

【任务评价】

1. 学生自我评估与总结

（1）学习本任务，你掌握了哪些知识点？

____

____

____

（2）在学习本任务过程中，遇到了哪些困难？是如何解决的？

____

____

____

2. 课堂自我评价（表 4-2）

表 4-2　课堂自我评价

班级		姓名		填写日期	
#	项目	评价要点		权重	得分
1	课前预习	能够按要求完成课前预习。 能够仔细阅读教材资料并记录。 能够提出疑问并自主检索资料。 能够与同组同学进行讨论。		20	
2	课中任务学习	能够认真听讲并记录。 能够在听讲过程中提出疑问。 能够与同组同学讨论并提出自己的观点。 能够认真听讲并回答老师的提问。		20	
3	课中任务实施	能够仔细听讲并完成实施任务。 能够正确填写实施报告。 能够与同组同学互相讨论并帮助同组成员解决问题。		40	
4	职业素养	具备团队协作能力，能主动与同组同学进行问题讨论，并协调和帮助同组成员解决问题。 具备开源精神与思想，遵守开源相关规范。 具备爱国之心，具有社会主义主人翁意识。		20	

任务二 筛选查询

【任务目标】

1. 掌握筛选查询的语法。
2. 能够使用条件查询完成数据筛选。
3. 能够运用查询解决实际问题。

【任务描述】

数据筛选是数据查询中重要的内容之一，也是应用系统中使用最频繁的操作之一。数据筛选和日常生活密切相关。例如，当早上醒来后查看当日的天气，服务端在处理查询请求时会根据地点、日期筛选出符合条件的天气数据并返回；在查看当天的新闻时，会根据新闻的分类筛选查看等。筛选操作也是查询性能优化时重点考虑的内容之一。

因此，牢固掌握各种筛选语句的编写与应用，能够使得在数据检索查询时更得心应手，同时，这也是软件开发人员、数据库管理员必备的技能之一。

本任务主要内容为各类筛选查询语句的使用。学完本任务，你能够：

①掌握常见筛选查询的语法。

②理解查询条件的组合应用。

③掌握数据去重的语法实现。

【知识准备】

一、使用 IN 关键字进行条件查询

IN 操作符用来查询满足指定条件的记录，使用 IN 操作符，将所有检索条件用括号括起来，检索条件之间用逗号分隔开，只要满足条件范围内的一个值即为匹配项。

【例】 查询 cid 为 101 和 102 的记录，SQL 语句如下：

```
SELECT cid, name, price
FROM books
WHERE cid IN (101,102)
```

【例】 查询所有 cid 不等于 101 也不等于 102 的记录，SQL 语句如下：

```
SELECT cid, name, price
FROM books
WHERE cid NOT IN (101,102)
ORDER BY name;
```

可以看到，该语句在 IN 关键字前面加上了 NOT 关键字，这使得查询的结果与前面一个的结果正好相反，前面检索了 cid 等于 101 和 102 的记录，而这里所要求的查询的记录中的 cid 字段值不等于这两个值中的任何一个。

二、使用 between…and 查询

BETWEEN AND 用来查询某个范围内的值，该操作符需要两个参数，即范围的开始值和结束值，如果字段值满足指定的查询条件，则这些记录被返回。

【例】查询价格在 2.00~10.20 元之间的图书名称和价格，SQL 语句如下：

```
SELECT name, price FROM books WHERE price BETWEEN 2.00 AND 10.20;
```

上面的查询语句包含了价格从 2.00 元到 10.20 元之间的字段值，并且端点值 10.20 也包括在返回结果中，即 BETWEEN 匹配范围中所有值，包括开始值和结束值。

BETWEEN AND 操作符前可以加关键字 NOT，表示指定范围之外的值，如果字段值不满足指定范围内的值，则这些记录被返回。

【例】查询价格在 2.00~10.20 元之外的图书名称和价格，SQL 语句如下：

```
SELECT name, price
FROM books
WHERE price NOT BETWEEN 2.00 AND 10.20;
```

上面的查询语句等同于 WHERE price<2.00 or price>10.20 查询条件，即返回 price 字段值小于 2.00 和 price 字段值大于 10.20 的记录。

三、使用 LIKE 实现模糊匹配

在前面的检索操作中，讲述了如何查询多个字段的记录，如何进行比较查询或者是查询一个条件范围内的记录，如果要查找所有的包含字符“ge”的图书名称，该如何查找呢？简单的比较操作在这里已经行不通了，在这里，需要使用通配符进行匹配查找，通过创建查找模式对表中的数据进行比较。执行这个任务的关键字是 LIKE。

通配符是一种在 SQL 的 WHERE 条件子句中拥有特殊意思的字符，SQL 语句中支持多种通配符，可以和 LIKE 一起使用的通配符有“%”和“_”。

1. 百分号通配符“%”

匹配任意长度的字符，甚至包括零字符。

【例】查找所有以“b”字母开头的图书，SQL 语句如下：

```
SELECT id, name
FROM books
WHERE name LIKE 'b%';
```

通配符%可以匹配做任意字符（包括任意长度）的字符。name 字段值为 b、bo、brian 的记录都将被查询出来。

2. 下划线通配符“_”

另一个非常有用的通配符是下划线通配符“_”，该通配符的用法和“%”相同，区别是“%”可以匹配多个字符，而“_”只能匹配任意单个字符，如果要匹配多个字符，则需要使用相同个数的“_”。

【例】在 books 表中，查询以字母“y”结尾，且“y”前面只有 4 个字母的记录，SQL 语句如下：

```
SELECT id, name FROM books WHERE name LIKE '____y';
```

上述语句的查询条件中，字符 y 前包括了 4 个下划线，目的是查询字符长度为 5，并且最后以字符 y 结尾的姓名。

四、使用 AND 实现多条件组合

使用 SELECT 查询时，可以增加查询的限制条件，这样可以使查询的结果更加精确。MySQL 在 WHERE 子句中使用 AND 操作符限定只有满足所有查询条件的记录才会被返回。可以使用 AND 连接两个甚至多个查询条件，多个条件表达式之间用 AND 分开。

【例】在 books 表中查询 cid = 101，并且 price 大于等于 5 的图书价格和名称。SQL 语句如下：

```
SELECT id, price, name FROM books WHERE cid = '101' AND price >=5;
```

前面的语句检索了 cid=101 的图书供应商所有价格大于等于 5 元的图书名称和价格。WHERE 子句中的条件分为两部分，AND 关键字指示 MySQL 返回所有同时满足两个条件的行。即使是 id=101 的图书供应商提供的图书，如果价格<5，或者是 id 不等于 101 的图书供应商里的图书，不管其价格为多少，均不是要查询的结果。

提示

上述例子的 WHERE 子句中只包含了一个 AND 语句，把两个过滤条件组合在一起。实际上可以添加多个 AND 过滤条件，增加条件的同时增加一个 AND 关键字。

【例】在 books 表中查询 cid = 101 或者 102，且 price 大于 5，并且 name='apple' 的图书价格和名称。SQL 语句如下：

```
SELECT id, price, name
FROM books
WHERE cid IN('101','102') AND price >= 5 AND name = 'apple';
```

五、使用 OR 实现多条件组合

与 AND 相反，在 WHERE 声明中使用 OR 操作符，表示只需要满足其中一个条件的记录即可返回。OR 也可以连接两个甚至多个查询条件，多个条件表达式之间用 OR 分开。

【例】查询 cid=101 或者 cid=102 的图书供应商的 price 和 name，SQL 语句如下：

```
SELECT cid, name, price FROM books WHERE cid = 101 OR cid = 102;
```

此查询将返回 cid 字段值为 101、102 的分类编号、名称和价格。OR 操作符告诉 MySQL，检索的时候只需要满足其中一个条件，不需要全部都满足。如果这里使用 AND，

将检索不到符合条件的数据。

在这里，也可以使用 IN 操作符实现与 OR 相同的功能，下面的例子可进行说明。

【例】查询 cid=101 或者 cid=102 的图书供应商的 price 和 name，SQL 语句如下：

```
SELECT cid, name, price FROM books WHERE cid IN(101,102);
```

OR 操作符和 IN 操作符使用后的结果是一样的，它们可以实现相同的功能。但是使用 IN 操作符使得检索语句更加简洁明了，并且 IN 执行的速度要快于 OR。更重要的是，使用 IN 操作符，可以执行更加复杂的嵌套查询。

六、使用 DISTINCT 去除重复结果

从 books 表中查询所有数据可以看到 cid 字段存在多个重复值，那么如何在查询时消除重复值呢？可以使用 DISTINCT 关键字。语法为：

```
SELECT distinct 字段名 FROM 表名
```

【例】查询 books 表中 cid 字段的值，返回 cid 字段值且不得重复，SQL 语句如下：

```
SELECT DISTINCT cid FROM books;
```

【任务实施】

任务 1： 根据题目要求，完成查询语句编写。

根据图 3-1 所示商城数据库的设计结构，查看表 4-3 和表 4-4 所示的商品表和订单表的结构，完成查询语句的编写。

表 4-3　goods 商品表

字段名	字段类型	长度	允许空值	描述
goods_id	bigint		N	商品 ID，主键
category_id	bigint		N	分类 ID
goods_name	varchar	50	N	商品名称
goods_intro	varchar	255	N	商品介绍
goods_cover_img	varchar	255	Y	商品封面图
goods_description	text		Y	商品描述
sell_price	decimal	(10，2)	N	销售价格
market_price	decimal	(10，2)	Y	市场价格
stock_num	int		N	库存数量
is_deleted	tinyint	1	N	是否删除，默认为 0
create_time	timestamp		N	创建时间
update_time	timestamp		Y	最后更新时间

表 4-4　orders 订单表

字段名	字段类型	长度	允许空值	描述
order_id	bigint		N	订单 ID，主键，自动递增
address_id	bigint		N	地址编号
user_id	bigint		N	用户编号
order_no	varchar	32	N	订单号
total_price	decimal	（10，2）	N	总价
pay_status	tinyint	1	N	支付状态（0-未支付，1-已支付）
pay_time	timestamp		Y	支付时间
pay_type	varchar	32	Y	支付方式
pay_transaction_id	varchar	32	Y	支付流水号
order_status	varchar	32	N	订单状态（0-未支付，1-配送中，2-已收货，3-退款中，4-已退款）
user_name	varchar	20	N	用户登录名
user_phone	varchar	11	N	用户手机号
is_refunded	tinyint	1	Y	是否退款
refund_time	timestamp		Y	退款时间
refund_amount	decimal	（10，2）	Y	退款金额
refund_type	varchar	20	Y	退款方式
refund_transaction_id	varchar	32	Y	退款流水号
create_time	timestamp		N	创建时间
update_time	timestamp		N	最后更新时间
is_deleted	tinyint	1	N	是否删除，默认为 0

1. 编写 SQL 语句，从商品表中查询价格在 30~40 之间的商品信息。

2. 编写 SQL 语句，从商品表中查询价格大于 100 或小于 20 的商品信息。

3. 编写 SQL 语句，从商品表中查询所有名称以“热卖”开头的商品信息。

4. 编写 SQL 语句，从商品表中查询名称以“促销”结尾的商品信息。

____

____

5. 编写 SQL 语句，从商品表中查询分类为 1010 且价格大于 50 的商品信息。

____

____

6. 编写 SQL 语句，从商品表中查询分类为 1010 和 1011 的商品信息。

____

____

7. 编写 SQL 语句，从商品表中查询所有分类编号（去重）

____

____

8. 编写 SQL 语句，从订单表中查询总价在 1 000~2 000 之间的订单信息。

____

____

9. 编写 SQL 语句，从订单表中查询，下单日期（create_time）为 2022-05-01 的用户名（去重）。

____

____

10. 编写 SQL 语句，从订单表中查询 2022-05-03 日期中下单总额最高的 3 个用户名和订单号。

____

____

【任务拓展】

SQL 查询执行的原理

SQL 语言可以理解为关系型数据库的官方语言，外界程序（例如 PHP、C#等）要和数据库通信，必须使用 SQL。而查询 SQL 是所有 SQL 分类中使用最频繁的。理解了查询语句的执行原理，对于理解数据库的结构和内部原理具有重要意义。

图 4-3 展示了一条查询语句执行的总体流程。

图 4-3 所描述的流程为：

（1）客户端发送一条查询语句给服务器。

（2）服务器先检查缓存，如果缓存中存在，则立刻返回存储在缓存中的结果，否则进入下一阶段。

（3）服务器端进行 SQL 解析，预处理，再由优化器生成对应的执行计划。

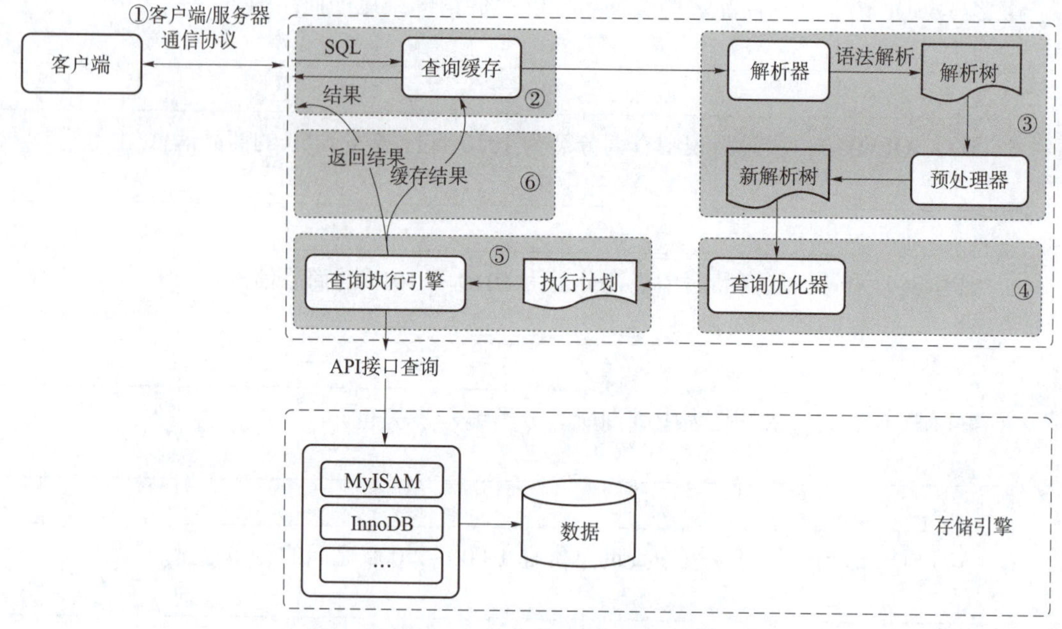

图 4-3　MySQL 中查询语句执行流程示意图

（4）MySQL 根据优化器生成的执行计划，调用存储引擎的 API 执行查询。

1. MySQL 客户端/服务器通信协议

MySQL 客户端和服务器之间的通信协议是“半双工”的，这意味着，在任何时刻，要么是由服务器向客户端发送数据，要么是客户端向服务器发送数据，这两个动作不能同时执行。所以，无法也无须将消息切成小块来发送。

这种协议让 MySQL 通信简单快速，但是也从很多地方限制了 MySQL。一端开始发送消息，另一端要接收完整个消息才能响应它。这就像来回抛球的游戏：在任何时刻，只有一个人能控制球，而且只有控球的人才能将球发回去。

相反，一般服务器响应给用户的数据通常很多，由多个数据包组成。当服务器开始响应客户端请求时，客户端必须完整地接收整个返回结果，而不能简单地只取前面这个结果，然后让服务器停止发送。这就是要加 Limit 的原因。

2. 查询状态

对于一个 MySQL 连接，或者说一个线程，任何时刻都有一个状态，该状态表示了 MySQL 当前正在做什么，最简单是使用 SHOW FULLPROCESSLIST 命令。在一个查询的生命周期中，状态会变化很多次。MySQL 官方手册对这些状态值的含义最权威的解释：

Sleep：线程等待客户端发送新的请求。

Query：线程正在执行查询或者正在将结果发送给客户端。

Locked：线程在等待表锁。等待行锁时不会出现。

Analyzing and statistics：线程正在收集存储引擎统计信息，并生成查询计划。

Sorting result：线程正在对结果排序。

3. 查询缓存

在解析 SQL 语句之前，如果查询缓存是打开的，MySQL 会首先检查这个查询是否命中缓存中的数据。如果当前的查询恰好命中了查询缓存，那么在返回查询结果之前，MySQL 会检查一次用户权限，如果权限没问题，就会返回，这种情况下查询不会被解析，不用生成执行计划，不会被执行。

4. 查询优化处理

查询完缓存的下一步是解析 SQL，预处理，优化 SQL 执行计划。这个过程中出现任何错误都可能终止查询。

5. 语法解析和预处理

MySQL 通过关键字将 SQL 语句进行解析，并生成一棵对应的“解析树”。MySQL 解析器将使用 MySQL 语法规则和解析查询。

预处理会根据 MySQL 规则进一步检查解析树是否合法。

6. 查询优化

如果语法树被认为是合法的，现在就会通过优化器转化为执行计划。

MySQL 使用基于成本的优化器，它将尝试预测一个查询使用某种执行计划时的成本，并选择其中成本最小的一个。

【任务评价】

1. 学生自我评估与总结

（1）学习本任务，你掌握了哪些知识点？

____

____

____

____

（2）在学习本任务过程中，遇到了哪些困难？是如何解决的？

____

____

____

____

2. 课堂自我评价（表 4-5）

表 4-5　课堂自我评价

班级		姓名		填写日期	
#	项目	评价要点		权重	得分
1	课前预习	能够按要求完成课前预习。 能够仔细阅读教材资料并记录。 能够提出疑问并自主检索资料。 能够与同组同学进行讨论。		20	

续表

2	课中任务学习	能够认真听讲并记录。 能够在听讲过程中提出疑问。 能够与同组同学讨论并提出自己的观点。 能够认真听讲并回答老师的提问。	20	
3	课中任务实施	能够仔细听讲并完成实施任务。 能够正确填写实施报告。 能够与同组同学互相讨论并帮助同组成员解决问题。	40	
4	职业素养	具备团队协作能力，能主动与同组同学进行问题讨论，并协调和帮助同组成员解决问题。 具备开源精神与思想，遵守开源相关规范。 具备爱国之心，具有社会主义主人翁意识。	20	

任务三 MySQL 函数

【任务目标】

1. 掌握数学函数的用法。
2. 掌握字符串函数的用法。
3. 掌握时间和日期函数的用法。
4. 掌握系统信息函数的用法。
5. 能够运用函数解决实际问题。

【任务描述】

函数是一种功能的封装，一般一个函数完成某一个具体的功能。例如，求最大值的函数 max( )，其功能是计算某一字段中的最大值。MySQL 内置了大量函数，这些函数提供了丰富的功能，根据功能的类型可以分为以下几大类：数学函数、字符串函数、日期和时间函数、条件函数和系统函数。

学习函数可以从三方面入手，分别是理解函数的作用、记忆函数名称、理解函数的参数。

学完本任务，你能够：

①理解函数的调用语法。

②掌握数学函数、日期函数、字符串函数中常用函数的作用与语法。

③能够在查询中正确使用内置函数。

【知识准备】

一、数学函数

数学函数主要用来处理数值数据，主要的数学函数有绝对值函数、三角函数、对数函数、随机数函数等。在有错误产生时，数学函数将会返回空值 NULL。表 4-6 列出了数学函数的功能和用法。

表 4-6 常用数学函数

函数名	描述	实例
ABS(x)	求 x 的绝对值	SELECT ABS(-1) --1
ACOS(x)	求 x 的反余弦值（参数是弧度）	SELECT ACOS(0.25) --1.318116071652818
ASIN(x)	求反正弦值（参数是弧度）	SELECT ASIN(0.25) --0.25268025514207865
ATAN(x)	求反正切值（参数是弧度）	SELECT ATAN(2.5); --1.1902899496825317

续表

函数名	描述	实例
CEIL(x) CEILING(x)	对 x 向上取整	SELECT CEIL(1.5) --2
FLOOR(x)	对 x 向下取整	SELECT FLOOR(1.5) --1
COS(x)	求余弦值（参数是弧度）	SELECT COS(2) ---0.4161468365471424
COT(x)	求余切值（参数是弧度）	SELECT COT(6) ---3.436353004180128
PI()	返回圆周率(3.141593)	SELECT PI() --3.141593
POW(x,y)	返回 x 的 y 次方	SELECT POW(2,3)--8
RAND()	返回 0~1 之间的随机浮点数。使用表达式 FLOOR(i+RAND() * j) 可生成 i~j 之间的随机整数	SELECT RAND() --0.93099315644334
ROUND(x,d)	将 x 四舍五入到 d 小数位。若 d=0，表示不保留小数位；若 d=-1，表示对个数（向十位）进行四舍五入	SELECT ROUND(1.34)--1 SELECT ROUND(1.56,1)--1.6 SELECT ROUND(13.2,-1)--10
SQRT(x)	返回 x 的平方根	SELECT SQRT(25) --5
TRUNCATE(x,y)	返回数值 x 保留到小数点后 y 位的值（不进行四舍五入）	SELECT TRUNCATE(1.23456,3) --1.234

二、字符串函数

字符串函数主要用来处理数据库中的字符串数据，MySQL 中字符串函数有计算字符串长度函数、字符串合并函数、字符串替换函数、字符串比较函数、查找指定字符串位置函数等。本节将介绍各种字符串函数的功能和用法。表 4-7 列举了常用字符串函数。

表 4-7　常用字符串函数

函数	描述	实例
CHAR_LENGTH(s)	返回字符串 s 的字符数	SELECT CHAR_LENGTH('你好') --2
CONCAT(s1,s2...sN)	字符串 s1、s2 等多个字符串合并为一个字符串	SELECT CONCAT('Hello',' ','World') --HelloWord
FORMAT(X,N)	将数字 x 进行格式化"#，###.##"，将 x 保留到小数点后 n 位，最后一位四舍五入	SELECT FORMAT(250500.5634,2) --250,500.56

续表

函数	描述	实例
INSERT (s1,x,len,s2)	字符串 s2 替换 s1 的 x 位置开始长度为 len 的字符串	SELECT INSERT('http://cctv.com',8,4,'china') --http://china.com
LOCATE(s1,s)	从字符串 s 中获取 s1 的开始位置	SELECT LOCATE('b','abc') --2
LEFT(s,n)	返回字符串 s 的前 n 个字符	SELECT LEFT('running',2) --ru
LOWER(s)	将字符串 s 的所有字母变成小写字母	SELECT LOWER('RUNNING') --running
MID(s,n,len)	从字符串 s 的 n 位置截取长度为 len 的子字符串；若 len 省略则，截取到最后字符	SELECT MID('RUNNING',5,3) --ING SELECT MID('RUNNING',5) --ING
REPEAT(s,n)	将字符串 s 重复 n 次	SELECT REPEAT('a',3) --aaa
REPLACE(s,s1,s2)	将字符串 s2 替代字符串 s 中的字符串 s1	SELECT REPLACE('abc','a','x') --xbc
REVERSE(s)	将字符串 s 反转	SELECT REVERSE('abc') --cba
RIGHT(s,n)	返回字符串 s 的后 n 个字符	SELECT RIGHT('RUNNING',3) --ING
RTRIM(s)	去掉字符串 s 结尾处的空格	SELECT RTRIM('hello') --hello
STRCMP(s1,s2)	比较字符串 s1 和 s2，如果 s1 与 s2 相等，返回 0；如果 s1>s2，返回 1；如果 s1<s2，返回-1	SELECT STRCMP('SQL','SQL'); --0 SELECT STRCMP('ab','cd') ---1
SUBSTR (s,start,length)	从字符串 s 的 start 位置截取长度为 length 的子字符串	SELECT SUBSTR('MYSQL',3,3) --SQL
SUBSTRING (s,start,length)	从字符串 s 的 start 位置截取长度为 length 的子字符串	SELECT SUBSTRING('MYSQL',3,3) --SQL
TRIM(s)	去掉字符串 s 开始和结尾处的空格	SELECT TRIM('MYSQL ')
UCASE(s) UPPER(s)	将字符串转换为大写	SELECT UCASE('mysql');--MYSQL

三、日期和时间函数

日期和时间函数主要用来处理日期和时间值，一般的日期函数除了使用 DATE 类型的参数外，也可以使用 DATETIME 或者 TIMESTAMP 类型的参数，但会忽略这些值的时间部分。相同地，以 TIME 类型值为参数的函数，可以接受 TIMESTAMP 类型的参数，但会忽略日期部分，许多日期函数可以同时接收数和字符串类型两种参数。表 4-8 展示了各类日期和时间函数的功能和用法。

表 4-8　常用日期和时间函数

<table>
<tr><th>函数名</th><th>描述</th><th>实例</th></tr>
<tr><td>CURDATE()
CURRENT_DATE()</td><td>返回当前日期</td><td>SELECT CURDATE();
--2022-09-09</td></tr>
<tr><td>CURRENT_
TIMESTAMP()</td><td>返回当前日期和时间</td><td>SELECT CURRENT_TIMESTAMP()
--2022-09-09 20:57:43</td></tr>
<tr><td>CURTIME()
CURRENT_TIME()</td><td>返回当前时间</td><td>SELECT CURTIME();
--20:59:02</td></tr>
<tr><td>DATEDIFF(d1,d2)</td><td>计算日期 d1~d2 之间相隔的天数</td><td>SELECT DATEDIFF('2022-01-01','2022-02-02')　--　-32</td></tr>
<tr><td>DATE_ADD(d,
interval expr unit)</td><td>计算起始日期 D 加上指定的时间间隔。EXPR 表示间隔值，可以为负数；UNIT 表示时间单位，取值包括 YEAR、MONTH、DAY、WEEK、HOUR、MINUTE、SECOND、MICROSECOND 等</td><td>SELECT DATE_ADD('2018-05-01',INTERVAL 1 DAY) --'2018-05-02'
SELECT DATE_ADD('2018-12-31 23:59:59',INTERVAL 1 DAY);
--'2019-01-01 23:59:59'</td></tr>
<tr><td>DATE_SUB(date,
interval expr unit)</td><td>计算起始日期减去指定的时间间隔。参数含义同 DATE_ADD 函数</td><td>SELECT DATE_SUB('2018-05-01',INTERVAL 1 YEAR)
--'2017-05-01'</td></tr>
<tr><td>DATE_FORMAT
(date,format)</td><td>将日期 DATE 按 FORMAT 格式化输出。FORMAT 格式使用预设的字符表示，具体包括：
<table>
<tr><td>%Y</td><td>年份
(4 位)</td><td>%m</td><td>月份
(00..12)</td></tr>
<tr><td>%d</td><td>天数
(00..31)</td><td>%H</td><td>小时
(00..23)</td></tr>
<tr><td>%i</td><td>分
(00..59)</td><td>%s</td><td>秒
(00..59)</td></tr>
<tr><td>%p</td><td>AM/PM</td><td>%T</td><td>时间（24 小时
hh：mm：ss）</td></tr>
</table></td><td>SELECT DATE_FORMAT(NOW(),'%Y-%M-%D'
-- 2022-09-01

SELECT DATE_FORMAT('2007-10-04 22:23:00','%H:%I:%S'
--22:23:00</td></tr>
<tr><td>DAY(d)</td><td>返回日期值 d 的日期部分</td><td>SELECT DAY('2017-06-15')
--15</td></tr>
<tr><td>DAYNAME(d)</td><td>返回日期 d 是星期几，如 monday、tuesday</td><td>SELECT DAYNAME('2011-11-11')
--FRIDAY</td></tr>
</table>

续表

函数名	描述	实例
DAYOFMONTH(d)	计算日期 d 是本月的第几天	SELECT DAYOFMONTH('2011-11-11') --11
DAYOFWEEK(d)	日期 d 今天是星期几，1 星期日，2 星期一，依此类推	SELECT DAYOFWEEK('2011-11-11') --6
DAYOFYEAR(d)	计算日期 d 是本年的第几天	SELECT DAYOFYEAR('2011-11-11') --315
HOUR(t)	返回 t 中的小时值	SELECT HOUR('10:02:30') --10
LAST_DAY(d)	返回给定日期的那一月份的最后一天	SELECT LAST_DAY('2017-06-20') --2017-06-30
LOCALTIME()	返回当前日期和时间	SELECT LOCALTIME() ---2022-09-19 10:57:43
LOCALTIMESTAMP()	返回当前日期和时间	SELECT LOCALTIMESTAMP() --2022-09-19 10:57:43
MINUTE(t)	返回 t 中的分钟值	SELECT MINUTE('1:2:3') --2
MONTHNAME(d)	返回日期当中的月份名称，如 NOVEMBER	SELECT MONTHNAME('2011-11-1111:11:11') --NOVEMBER
MONTH(d)	返回日期 d 中的月份值，1~12	SELECT MONTH('2011-11-11') --11
NOW()	返回当前日期和时间	SELECT NOW() --2022-09-19 10:57:43
SECOND(t)	返回 t 中的秒钟值	SELECT SECOND('10:02:30') --30
STR_TO_DATE(str,format)	将字符串转变为日期	SELECT STR_TO_DATE('AUGUST 10 2017','%M%D%Y'); --2017-08-10
SYSDATE()	返回当前日期和时间	SELECT SYSDATE() --2022-09-19 20:57:43

续表

函数名	描述	实例
WEEK(d)	计算日期 D 是本年的第几个星期,范围是 0~53	SELECT WEEK('2011-11-11') --45
WEEKDAY(d)	计算日期 d 是星期几,0 表示星期一,1 表示星期二	SELECT WEEKDAY('2017-06-15') --3
WEEKOFYEAR(d)	计算日期 d 是本年的第几个星期,范围是 0~53	SELECT WEEKOFYEAR('2011-11-11') --45
YEAR(d)	返回年份	SELECT YEAR('2017-06-15') --2017

四、系统函数

本节将介绍常用的系统信息函数，MySQL 中的系统信息有数据库的版本号、当前用户名和连接数、系统字符集、最后一个自动生成的 ID 值等。表 4-9 展示了各个系统函数的使用方法。

表 4-9　常用系统函数

函数名	描述	实例
BIN(x)	返回 x 的二进制编码	SELECT BIN(15)　--1111
CAST(x AS type)	将 x 转换数据类型 type	SELECT CAST('2017-08-29' AS DATE)　--2017-08-29
CURRENT_USER()	返回当前用户	SELECT CURRENT_USER() --root@ localhost
DATABASE()	返回当前数据库名	SELECT DATABASE() --test
IF(expr,v1,v2)	如果表达式 expr 成立，返回结果 v1；否则，返回结果 v2	SELECT IF（1>0，'正确'，'错误'） --正确
IFNULL(v1,v2)	如果 v1 的值不为 null，则返回 v1，否则，返回 v2	SELECT IFNULL(null,'helloword') --HelloWord
ISNULL(expression)	判断表达式是否为 NULL	SELECT ISNULL(NULL) --1
LAST_INSERT_ID()	返回最近生成的 AUTO_INCREMENT 值	SELECT LAST_INSERT_ID() --6

续表

函数名	描述	实例
NULLIF(expr1,expr2)	比较两个字符串，如果字符串 expr1 与 expr2 相等，返回 null；否则，返回 expr1	SELECT NULLIF(25,25) --NULL
SESSION_USER()	返回当前用户	SELECT SESSION_USER(); --root@ localhost
SYSTEM_USER()	返回当前用户	SELECT SYSTEM_USER() --root@ localhost
USER()	返回当前用户	SELECT USER() -- root@ localhost
VERSION()	返回数据库的版本号	SELECT VERSION() --8. 0. 28

【任务实施】

任务 1： 编写 SQL 语句，生成 1~10 内的随机整数。

分析：

（1） RAND()函数可以随机生成 0~1 之间的数值。

（2） ROUND()函数可以实现保留整数位，去除小数位。

____

____

任务 2： 创建以下数据表，使用字符串和日期函数完成相应操作，并将 SQL 语句填写至题目下方。

（1） 创建会员数据表，表名称为 member，结构见表 4-10。

表 4-10　结构

字段名	类型	备注
m_id	int	会员编号，自动递增，主键
m_name	varchar(10)	会员名
m_birth	datetime	出生日期
m_info	text	个人介绍

将创建表 SQL 语句填写至下方。

____

____

____

（2）编写下列 SQL 语句插入 3 条记录。

```
INSERT INTOmember(m_name,m_birth,m_info)
VALUES('张三','2001-04-05','性格开朗');
INSERT INTOmember(m_name,m_birth,m_info)
VALUES('李四','2001-02-05','爱运动');
INSERT INTOmember(m_name,m_birth,m_info)
VALUES('小刚','2001-08-05','爱阅读');
```

（3）编写 SQL 语句查询出所有姓“李”并且名字为 2 个字的会员信息。

____

____

（4）编写 SQL 语句查询出本月过生日的会员信息。

____

____

（5）编写 SQL 语句查询出未来 7 天内过生日的会员信息。

____

____

（6）编写 SQL 语句查询出个人介绍中包含“运动”的会员信息。

____

____

（7）编写 SQL 语句计算距当天 100 天以后的日期。

____

____

（8）编写 SQL 语句计算距 2025-1-1 的天数。

____

____

【任务评价】

1. 学生自我评估与总结

（1）学习本任务，你掌握了哪些知识点？

____

____

____

____

（2）在学习本任务过程中，遇到了哪些困难？是如何解决的？

____

____

____

____

2. 课堂自我评价（表 4-11）

表 4-11　课堂自我评价

班级		姓名		填写日期	
#	项目	评价要点		权重	得分
1	课前预习	能够按要求完成课前预习。 能够仔细阅读教材资料并记录。 能够提出疑问并自主检索资料。 能够与同组同学进行讨论。		20	
2	课中任务学习	能够认真听讲并记录。 能够在听讲过程中提出疑问。 能够与同组同学讨论并提出自己的观点。 能够认真听讲并回答老师的提问。		20	
3	课中任务实施	能够仔细听讲并完成实施任务。 能够正确填写实施报告。 能够与同组同学互相讨论并帮助同组成员解决问题。		40	
4	职业素养	具备团队协作能力，能主动与同组同学进行问题讨论，并协调和帮助同组成员解决问题。 具备开源精神与思想，遵守开源相关规范。 具备爱国之心，具有社会主义主人翁意识。		20	

任务四 数据分组与排序

【任务目标】

1. 掌握聚合函数的分类及语法。
2. 掌握分组查询的用法。
3. 能够使用聚合函数实现数据统计。
4. 能够应用分组查询进行数据统计。

【任务描述】

日常生活中，不少人有记账的习惯，当记录了一段时间账目流水后，记账软件通常会提供收支分类统计功能，使用此功能可以方便地查看当月支出的统计信息，例如生鲜水果支出多少、餐饮支出多少等。

通过数据的分类统计，可以方便地对数据进行汇总（求和、求平均等），从而发现数据的特征或趋势。

本任务将学习数据分组和聚合操作。学习完本任务，你能够：

①掌握数据的聚合统计（求和、求平均值、求最大值、求最小值）。

②掌握数据的分组查询，实现数据分类汇总。

③应用分组与聚合函数，实现日常数据统计。

【知识准备】

一、聚合函数

在学习分组查询前，需要先学习非常重要的几个函数，这些函数用于完成数据统计，称为聚合函数。

聚合函数见表 4-12。

表 4-12 聚合函数列表

函数名	作用	使用方法
max	求最大值	select max(sell_price) from goods
min	求最小值	select min(sell_price) from goods
avg	求平均值	select avg(sell_price) from goods
count	计算行数	select count(*) from goods
sum	求和	select sum(sell_price) from goods

下面以成绩表为例讲解以上聚合函数。

创建成绩表 score，创建 SQL 如下：

```
CREATE TABLE score(
   id int auto_increment primary key,
   course_name varchar(20) ,
   student_name varchar(10),
   grade int ,
   class_no varchar(10)
)
```

添加测试数据如图 4-4 所示。

id	course_name	student_name	grade	class_no
1	语文	张三	90	五(7)班
2	数学	张三	95	五(7)班
3	语文	李四	88	五(8)班
4	数学	李四	90	五(8)班

图 4-4 成绩表测试数据

1. max/min 函数

max 函数用于计算某个字段的最大值，min 函数用于计算某个字段的最小值。

【例】查询语文课程的最高分。

```
select max(grade) from score where course_name='语文'
```

【例】查询数学课程的最低分。

```
select min(grade) from score where course_name='数学'
```

2. sum/avg 函数

sum 函数用于对某个字段值求和；avg 函数则用于求平均。

【例】查询语文课程的平均分。

```
select avg(grade) from score where course_name='语文'
```

3. count 函数

count 函数用于统计查询结果的行数，常用方式为：

【例】统计 score 表中总记录数。

```
select count(*) from score
```

【例】统计所有语文课程的成绩数（考试人数）。

```
select count(grade) from score where course_name='语文'
```

注意： count（字段名）可以统计指定字段中值不为 NULL 的数量，对于 NULL 值不计数。例如，上例统计参加语文考试的人数，若存在学生只考了数学，没有考语文，则此学生不计数。

二、分组查询

分组查询是进行数据统计时必备的“工具”。数据统计是指根据某个字段或条件（日期、分类等）进行求和、求平均等。例如，在商城系统中需要根据月份统计销售总额、根据用户统计用户购买总额等。因此可以看出，分组查询和聚合操作是紧密联系在一起的。

分组查询就是对数据按照某个或多个字段进行分组，然后再对每组的数据进行聚合操作。

MySQL 中使用 GROUP BY 关键字对数据进行分组，基本语法形式为：

```
[GROUP BY 字段][HAVING <条件表达式>]
```

其中，“GROUP BY <字段>”用于指定分组时所依据的字段名称，可以为多个字段。“HAVING <条件表达式>”可实现对分组后的数据进行筛选。

GROUP BY 与 Having 使用时注意事项：

（1）GROUP BY 语句应写在 where 之后。查询在执行时，首先通过 where 条件确定结果数据，然后才能进行分组。

（2）Having 不能单独使用，必须写在 Group By 之后。因为 Having 的作用是对分组后的数据进行筛选。

（3）对于 SELECT 后的字段，在使用了 GROUP BY 分组后，要求字段要么使用了聚合操作，要么为分组条件。例如，select col1，max（col2）from tb 语法是错误的，因为字段 col1 既不是分组条件，也没有执行聚合操作。

下面来看分组的具体使用。

1. 创建分组

GROUP BY 关键字通常和集合函数一起使用，例如，MAX()、MIN()、COUNT()、SUM()、AVG()。

【例】统计每门课的最高分，显示课程名、最高分。

```
select max(grade) as 最高分,course_name as 课程名
from score
group by course_name
```

上述语句中 as 关键字用于对查询字段设置别名。

【例】统计每个班中语文的最高分，输出班级名称、最高分。

```
select max(grade) as 最高分,class_no as 班级名称
from score
where course_name='语文'
group by class_no
```

从本例代码可以看到，Where 子句并不影响 group by 分组，两者可以一同使用。并且执

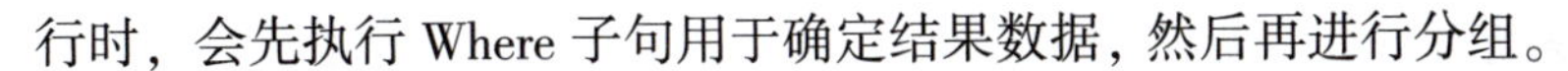

行时，会先执行 Where 子句用于确定结果数据，然后再进行分组。

【例】统计每个学生所有课程的平均分，输出学生名、平均分。

```
select avg(grade) as 平均分, student_name as 学生名
from score
group by student_name
```

本例需根据学生进行分组，然后对每组数据中的 grade 字段求平均值。

【例】统计每个班中语文成绩不合格的人数，输出：不及格人数，班级名称。

```
select count( * ) as 不及格人数 ,  class_no as 班级名称
from score
where grade < 60 and course_name='语文'
group by class_no
```

本例涉及两个条件，分别是成绩小于 60 分、课程名称为语文。先通过以上两个条件筛选出数据，然后再根据班级进行分组，分组后依次对每组进行统计。

2. 分组过滤

使用 Having 子句可以对分组的数据进行过滤，只保留满足条件的分组数据。

【例】统计语文成绩大于 80 分，且人数大于 10 人的班级名称。

```
select class_no
from score
where course_name='语文' and grade>80
group by class_no
having count( * ) > 10
```

上述 SQL 语句中筛选条件为“课程名称为语文，并且成绩大于 80 分”。在根据筛选条件查询出数据后，根据班级名称进行分组，然后对每组进行记录数量统计，最后筛选出人数大于 10 人的分组，并输出班级名称字段。

从上述案例可以看出，Having 子句应放在 group by 之后，其作用是对分组后的数据进行筛选。

【例】按班级统计不及格人数，显示出人数大于 10 人的班级名称。

```
select class_no
from score
where grade < 60
group by class_no
having count( * ) > 10
```

【任务实施】

在本教材所述的商城数据库中，存在大量需要统计的数据。请根据相应表结构和题目要求编写统计 SQL 语句。

任务 1：完成用户相关统计查询，见表 4-13。

表 4-13　user 用户表

字段名	字段类型	长度	允许空值	描述
user_id	bigint		N	用户编号，主键
nick_name	varchar	20	N	昵称
login_name	varchar	20	N	登录名
password_md5	varchar	64	N	登录密码（MD5 加密）
md5_salt	varchar	32	N	MD5 加盐
introduce	varchar	150	Y	个人介绍
mobile	varchar	11	N	手机号，长度 11 位
email	varchar	255	N	邮箱地址
is_deleted	tinyint	1	N	是否删除，默认为 0
create_time	timestamp		N	创建时间
update_time	timestamp		Y	最后更新时间

请根据要求编写查询 SQL 语句，并填写至题目下方。

1. 统计当天新增注册用户数，输出日期、注册用户数。

____

____

提示

（1）本题不需要分组。根据字段创建时间 create_time 进行筛选，然后使用 count 函数计算记录条数。

（2）获取当前日期使用 current_date( ) 函数；判断注册日期是否为当天，则使用 date_format（create_time，'%Y-%m-%d'）从注册时间字段中抽取日期。

2. 统计 2022 年 3 月每天的注册用户数。输出日期、注册用户数。

____

____

提示

本题需要根据注册日期分组。使用 date_format 函数获取“添加时间”字段中的年、月、日，然后使用 count 函数对每组数据计算记录条数。

3. 统计手机号中移动运营商各个号码段的注册用户数（移动运营商指以 138、139 开头的手机号）。输出移动号码段、移动用户数。

____

____

提示

本题需要根据手机号前 3 位进行分组。

获取手机号码前 3 位可使用 left(mobile,3)函数或 substr(mobile,1,3)函数。分组后的数据使用 count 函数计算记录条数。

任务 2： 完成商品相关统计查询。

本部分将使用商品分类表 goods_category 和商品表 goods，表结构见表 4-14 和表 4-15。

表 4-14　goods_category 商品分类表

字段名	字段类型	长度	允许空值	描述
category_id	bigint		N	商品分类 ID，主键
category_name	varchar	20	N	分类名称
category_rank	int		N	分类排序
parent_id	bigint		Y	上级分类 ID
is_deleted	tinyint	1	N	是否删除
goods_count	int		N	商品数量
create_time	timestamp		N	创建时间

表 4-15　goods 商品表

字段名	字段类型	长度	允许空值	描述
goods_id	bigint		N	商品 ID，主键
category_id	bigint		N	分类 ID
goods_name	varchar	50	N	商品名称
goods_intro	varchar	255	N	商品介绍
goods_cover_img	varchar	255	Y	商品封面图
goods_description	text		Y	商品描述
sell_price	decimal	(10，2)	N	销售价格
market_price	decimal	(10，2)	Y	市场价格
stock_num	int		N	库存数量
is_deleted	tinyint	1	N	是否删除，默认为 0
create_time	timestamp		N	创建时间
update_time	timestamp		Y	最后更新时间

请根据下方题目要求编写查询 SQL 语句，并填写到方格内。

1. 统计每个分类下的商品数量，输出分类编号、商品数量。

____

____

提示

本题需要根据商品分类进行分组，然后使用 count 函数计算记录条数。分组字段为分类编号 category_id。

2. 统计商品分类为 1001 的商品的平均价格。

____

____

提示

本题不需要分组，只需要筛选出商品分类为 1001 的商品，并使用 avg 函数计算平均值。

3. 查询出每个分类下库存最少的商品。输出商品分类编号、商品名称、库存数量。

____

____

提示

本题需要分组，分组条件为商品分类编号和商品名称。分组后对每组数据使用 min 函数计算库存数量的最小值。

任务 3： 完成订单相关统计查询。

本部分将从订单表 orders 进行查询，表结构见表 4-16。

表 4-16　orders 订单表

字段名	字段类型	长度	允许空值	描述
order_id	bigint		N	订单 ID，主键
address_id	bigint		N	地址编号
user_id	bigint		N	用户编号
order_no	varchar	32	N	订单号
total_price	decimal	（10，2）	N	总价
pay_status	tinyint	1	N	支付状态（0-未支付，1-已支付）
pay_time	timestamp		Y	支付时间
pay_type	varchar	32	Y	支付方式
pay_transaction_id	varchar	32	Y	支付流水号
order_status	varchar	32	N	订单状态（0-未支付，1-配送中，2-已收货，3-退款中，4-已退款）
user_name	varchar	20	N	用户登录名
user_phone	char	11	N	用户手机号
is_refunded	tinyint	1	Y	是否退款

续表

字段名	字段类型	长度	允许空值	描述
refund_time	timestamp		Y	退款时间
refund_amount	decimal	(10，2)	Y	退款金额
refund_type	varchar	20	Y	退款方式
refund_transaction_id	varchar	32	Y	退款流水号
create_time	timestamp		N	创建时间
update_time	timestamp		N	最后更新时间
is_deleted	tinyint	1	N	是否删除，默认为 0

请根据下方题目要求编写查询 SQL，并填写到方格内。

1. 查询统计当月每天的订单数量，输出日期、订单数。

____

____

提示：

(1) 本题需要从“订单表”中查询。首先根据当前月份进行数据筛选。可使用 now( ) 函数获取当前时间，使用 date_format 函数从中抽取年月，写法为 date_format(now( ),'%Y-%m')。

(2) 对订单表中“创建时间”字段根据日期分组，并对每组数据使用 count 函数计算记录条数。

2. 统计 2021 年每月的订单数量、订单总额（不计退款，只统计总价）。

____

____

提示：

(1) 本题从订单表中进行查询。使用 year 函数从“订单创建时间”字段中抽取出年份，并根据此值进行分组。

(2) 对分组后的数据使用 sum 函数对订单总价字段进行求和。

3. 统计当月用户消费总额最高的 3 名用户，输出用户编号、消费总额。

____

____

提示：

(1) 本题从订单表中查询。首先，根据订单创建日期筛选出当月订单，然后，根据用户编号进行分组，对每组数据使用 sum 函数求和，即为消费总额。

(2) 使用 order by 函数对第（1）步中的总额进行排序（倒序），并使用 limit 关键字限制输出 3 条记录。

【任务评价】

1. 学生自我评估与总结

（1）学习本任务，你掌握了哪些知识点？

____

____

____

____

（2）在学习本任务过程中，遇到了哪些困难？是如何解决的？

____

____

____

____

2. 课堂自我评价（表 4-17）

表 4-17　课堂自我评价

班级		姓名		填写日期	
#	项目	评价要点		权重	得分
1	课前预习	能够按要求完成课前预习。 能够仔细阅读教材资料并记录。 能够提出疑问并自主检索资料。 能够与同组同学进行讨论。		20	
2	课中任务学习	能够认真听讲并记录。 能够在听讲过程中提出疑问。 能够与同组同学讨论并提出自己的观点。 能够认真听讲并回答老师的提问。		20	
3	课中任务实施	能够仔细听讲并完成实施任务。 能够正确填写实施报告。 能够与同组同学互相讨论并帮助同组成员解决问题。		40	
4	职业素养	具备团队协作能力，能主动与同组同学进行问题讨论，并协调和帮助同组成员解决问题。 具备开源精神与思想，遵守开源相关规范。 具备爱国之心，具有社会主义主人翁意识。		20	

任务五　连接查询

【任务目标】

1. 掌握连接查询的适用场景和数据特征。
2. 掌握内连接查询语法。
3. 掌握左外连接查询语法。
4. 能够理解连接查询的数据特征。
5. 能够使用内连接解决数据查询问题。
6. 能够使用外连接解决数据查询问题。

【任务描述】

在数据库的日常操作中，查询操作是占比最高的。在之前的任务中，查询只涉及单张表，因为所要查询的数据（或统计信息）只需从一张表中就可以获得。

关系型数据库存储数据的基本单位是数据表，数据表可以通过创建外键来描述表间的关系。因此，在查询数据时会出现所查询的数据分散在多张表里的情况，那么需要将这些表连接起来才能查询所要的数据。

连接查询就是将多张数据表的数据“连接”起来，然后从多张表中筛选数据的过程。数据表的连接需要两表之间存在“外键”联系。

本任务将学习连接查询，学习完本任务，你能够：

①掌握连接查询的原理与分类。

②掌握内连接查询的用法。

③掌握左外连接查询的用法。

④使用连接查询解决日常数据查询和统计问题。

【知识准备】

本任务使用学生成绩数据库作为案例讲解。表结构见表4-18和表4-19。

表4-18　学生表 tb_student

字段名	字段类型	长度	允许空值	描述
Id	int		N	主键，自动递增
stu_no	varchar	20	N	学号
stu_name	varchar		N	学生姓名

表4-19　选课信息表 tb_course

字段名	字段类型	长度	允许空值	描述
Id	int		N	主键，自动递增
stu_no	varchar	20	N	学号
course_name	varchar		N	课程名称

学生表数据如图 4-5 所示。

选课信息表数据如图 4-6 所示。

```
mysql> select * from tb_student
+----+----------+----------+
| id | stu_no   | stu_name |
+----+----------+----------+
|  1 | 21051010 | 小明     |
|  2 | 21051011 | 小刚     |
|  3 | 21051012 | 小丽     |
|  4 | 21051013 | 小强     |
+----+----------+----------+
```

图 4-5　学生表数据示例

```
mysql> select * from tb_course;
+----+----------+-------------+
| id | stu_no   | course_name |
+----+----------+-------------+
|  1 | 21051010 | 计算机基础  |
|  2 | 21051010 | 办公自动化  |
|  3 | 21051010 | 网页制作    |
|  4 | 21051011 | 计算机基础  |
|  5 | 21051011 | 网页制作    |
|  6 | 21051012 | 计算机基础  |
|  7 | 21051011 | 数据库管理  |
|  8 | 21051011 | 办公自动化  |
+----+----------+-------------+
```

图 4-6　选课信息表数据示例

连接查询用于将两张或多张数据表根据“公共字段”将数据“组合”起来。这里的“公共字段”不一定是“同名”的字段，而是指业务含义相同的字段。例如，“学生编号”在表 A 中字段名为 sid，在表 B 中字段名为 stuid，两张表都有学生编号字段，虽然字段名不同，但是仍然可以根据此字段将两张表连接起来。

根据连接查询的数据特点，连接查询可分为内连接、左外连接、右外连接、全外连接。下面分别来看。

一、内连接查询 INNER JOIN

内连接查询的语法是：

```
SELECT 表 A. 字段 1,表 A. 字段 B,…,表 B. 字段 1,表 B. 字段 2,…
FROM 表 A
INNER JOIN 表 B
ON 表 A. 公共字段 = 表 B. 公共字段
```

内连接查询将返回由公共字段匹配的所有数据行，可以理解为返回的是两张数据表的交集数据。查询结果示例如图 4-7 所示。

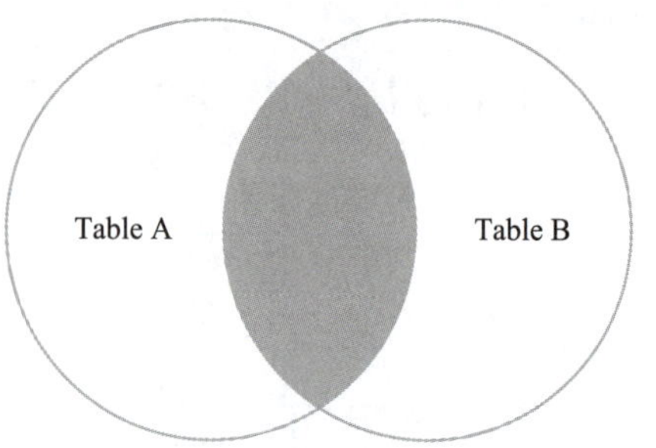

图 4-7　内连接查询数据特征示意

【例】查询已有的选课信息，要求输出学号、学生姓名、课程名。

分析：从输出字段可以看出，其中学号、学生姓名存储在学生表中，课程名称存储在选课信息表中。那么，需要从学生表、选课表中“组合”查询才能满足要求。因两张数据表都存在“学号”字段，所以可以使用“学号”字段作为连接字段。

连接查询 SQL 语句如下：

```
SELECT stu.stu_no, stu.stu_name ,c.course_name
FROM tb_student as stu
INNER JOIN tb_course as c
ON stu.stu_no = c.stu_no
```

查询结果如图 4-8 所示。

```
mysql> SELECT stu.stu_no, stu.stu_name ,c.course_name
    -> FROM tb_student as stu
    -> INNER JOIN tb_course as c
    -> ON stu.stu_no = c.stu_no;
+----------+----------+------------------+
| stu_no   | stu_name | course_name      |
+----------+----------+------------------+
| 21051010 | 小明     | 计算机基础       |
| 21051010 | 小明     | 办公自动化       |
| 21051010 | 小明     | 网页制作         |
| 21051011 | 小刚     | 计算机基础       |
| 21051011 | 小刚     | 网页制作         |
| 21051012 | 小丽     | 计算机基础       |
| 21051011 | 小刚     | 数据库管理       |
| 21051011 | 小刚     | 办公自动化       |
+----------+----------+------------------+
8 rows in set (0.01 sec)
```

图 4-8 内连接查询结果示例

二、外连接查询 OUTER JOIN

内连接用于查询出两表的交集部分，外连接查询则可以将一张表的匹配数据行全部查询出来，另一张表未匹配的行则返回 NULL。

外连接根据返回数据特征不同，分为左外连接（LEFT OUTER JOIN）和右外连接（RIGHT OUTER JOIN）。在日常开发和管理中，通常掌握一种外连接方式即可，大部分应用中使用左外连接。

左外连接的数据示意如图 4-9 所示。

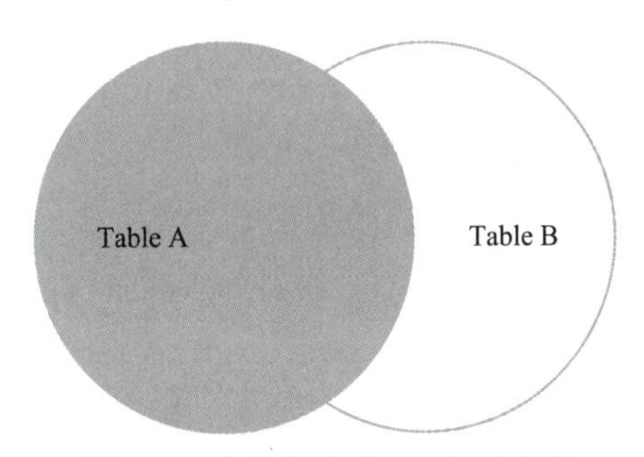

图 4-9 左外连接查询数据示意图

左外连接的语法为：

```
SELECT 表 A. 字段 1,表 A. 字段 B,…,表 B. 字段 1,表 B. 字段 2,…
FROM 表 A
LEFT JOIN 表 B
ON 表 A. 公共字段 = 表 B. 公共字段
```

【例】查询出所有学生的选课信息，若有学生未选课，则显示为 NULL。要求输出学生姓名、课程名。

分析：题目要求输出所有学生的姓名，若没有选课信息，则显示 NULL。因此，可以看出应将学生表的数据全部查询出来，本题应使用外连接。查询语句如下：

```
SELECTstu.stu_name,c.course_name
FROM tb_student as stu
LEFT JOIN tb_course as c
ON stu.stu_no = c.stu_no
```

查询结果如图 4-10 所示。

从图 4-10 所示结果可以看出，学生“小强”的课程名称为 NULL，因为“小强”未参加选课，导致选课信息在 tb_course 表中不存在，左连接对于右表中不存在的数据默认设置为 NULL。

```
mysql> SELECT stu.stu_name,c.course_name
    -> FROM tb_student as stu
    -> LEFT JOIN tb_course as c
    -> ON stu.stu_no = c.stu_no;
+----------+--------------+
| stu_name | course_name  |
+----------+--------------+
| 小明     | 网页制作     |
| 小明     | 办公自动化   |
| 小明     | 计算机基础   |
| 小刚     | 办公自动化   |
| 小刚     | 数据库管理   |
| 小刚     | 网页制作     |
| 小刚     | 计算机基础   |
| 小丽     | 计算机基础   |
| 小强     | NULL         |
+----------+--------------+
```

图 4-10　左外连接查询结果示例

对于查询出所有学生的选课信息的需求其实并没有实际意义，实际应用中的真实意图是筛选出“小强”这类数据，即没有参加选课的学生信息。那么如何实现呢？方法其实很简单，只需要在上述左外连接查询的语句上添加筛选条件即可。

查询未参加考试（在 tb_course 表中没有数据）的学生学号，查询语句如下：

```
SELECTstu.stu_name
FROM tb_student as stu
LEFT JOIN tb_course as c
ON stu.stu_no = c.stu_no
WHERE c.course_name IS NULL
```

查询结果如图 4-11 所示。

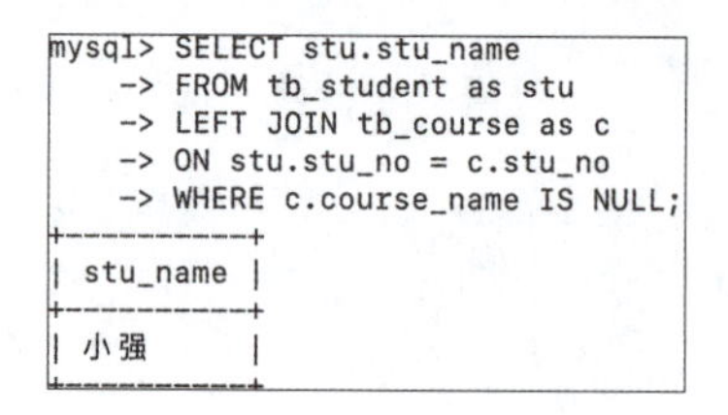

图 4-11　左外连接查询案例

三、全外连接 FULL JOIN

使用全外连接，可以将两张表的数据全部查询出来，结果示意如图 4-12 所示。

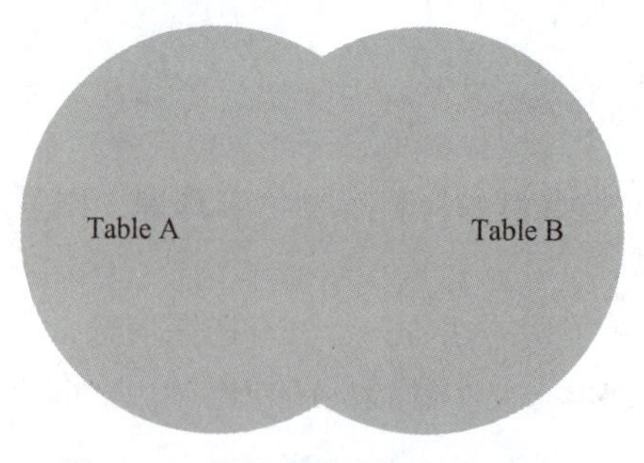

图 4-12　全外连接查询数据示意图

MySQL 并不支持全外连接的语法，但可以使用左外连接和右外连接的组合实现。将学生表和选课信息表执行全外连接的 SQL 如下。

```
SELECT stu.stu_name,c.course_name FROM tb_student as stu LEFT JOIN tb_course as c
ON stu.stu_no = c.stu_no
UNION
SELECT stu.stu_name,c.course_name FROM tb_student as stu RIGHT JOIN tb_course as
c ON stu.stu_no = c.stu_no
```

查询结果如图 4-13 所示。

```
+----------+-------------+
| stu_name | course_name |
+----------+-------------+
| 小明     | 网页制作    |
| 小明     | 办公自动化  |
| 小明     | 计算机基础  |
| 小刚     | 办公自动化  |
| 小刚     | 数据库管理  |
| 小刚     | 网页制作    |
| 小刚     | 计算机基础  |
| 小丽     | 计算机基础  |
| 小强     | NULL        |
+----------+-------------+
```

图 4-13 全外连接查询示例

从图中可以看出，学生“小强”没有选课信息；“数据库管理”课程有 1 名学生信息不存在。

【任务实施】

任务 1： 根据下面题目要求，编写查询 SQL 语句，并将 SQL 语句填写至题目下方。

根据题目要求完成对“商品分类表”和“商品表”的连接查询。表结构见表 4-20 和表 4-21。

表 4-20 goods_category 商品分类表

字段名	字段类型	长度	允许空值	描述
category_id	bigint		N	商品分类 ID，主键，自动递增
category_name	varchar	20	N	分类名称
category_rank	int		N	分类排序
parent_id	bigint		Y	上级分类 ID
is_deleted	tinyint	1	N	是否删除
goods_count	int		N	商品数量
create_time	timestamp		N	创建时间

表 4-21　goods 商品表

字段名	字段类型	长度	允许空值	描述
goods_id	bigint		N	商品 ID，主键
category_id	bigint		N	分类 ID
goods_name	varchar	50	N	商品名称
goods_intro	varchar	255	N	商品介绍
goods_cover_img	varchar	255	Y	商品封面图
goods_description	text		Y	商品描述
sell_price	decimal	（10，2）	N	销售价格
market_price	decimal	（10，2）	Y	市场价格
stock_num	int		N	库存数量
is_deleted	tinyint	1	N	是否删除，默认为 0
create_time	timestamp		N	创建时间
update_time	timestamp		Y	最后更新时间

1. 查询所有商品编号、商品名称、分类名称。

提示

本题需要商品分类表和商品表进行内连接查询。

2. 查询统计每个分类下商品数量，输出分类名称、商品数量。

提示：

（1）需要商品分类表和商品表内连接查询。

（2）根据商品分类进行分组。

（3）使用 count 函数计算商品数量。

3. 查询统计已被加入购物车的各个商品的总数量。输出商品名称、加购总数量。

提示：

(1) 将商品表和购物车表执行内连接查询。

(2) 根据商品编号分组。

(3) 使用 sum 函数计算商品总数量。

4. 查询未被加入购物车的商品编号、商品名称。

提示：

(1) 需要对商品表和购物车表执行左外连接查询。

(2) 筛选出购物车表中 goods_name 字段为 NULL 的数据行。

5. 查询订单编号为 100 的商品名称、分类名称。

6. 查询出当日已退款的订单编号、商品名称。

提示：

(1) 根据订单中的 is_refunded 字段，值为 1，则表示已退款。

(2) 将订单表和订单商品表执行内连接查询。

【任务评价】

1. 学生自我评估与总结

(1) 你掌握了哪些知识点？

(2) 谈谈你对 SQL 的理解。数据查询的原理是什么？

2. 课堂自我评价（表 4-22）

表 4-22 课堂自我评价

班级		姓名		填写日期		
#	项目	评价要点			权重	得分
1	课前预习	能够按要求完成课前预习。 能够仔细阅读教材资料并记录。 能够提出疑问并自主检索资料。 能够与同组同学进行讨论。			20	
2	课中任务学习	能够认真听讲并记录。 能够在听讲过程中提出疑问。 能够与同组同学讨论并提出自己的观点。 能够认真听讲并回答老师的提问。			20	
3	课中任务实施	能够仔细听讲并完成实施任务。 能够正确填写实施报告。 能够与同组同学互相讨论并帮助同组成员解决问题			40	
4	职业素养	具备团队协作能力，能主动与同组同学进行问题讨论，并协调和帮助同组成员解决问题。 具备开源精神与思想，遵守开源相关规范。 具备爱国之心，具有社会主义主人翁意识。			20	

任务六　子查询

【任务目标】

1. 掌握子查询的语法。
2. 掌握 IN 与 EXISTS 的使用方法和区别。
3. 能够使用子查询解决实际问题。
4. 能够灵活运用连接查询与子查询。

【任务描述】

在上一任务中，相信你已经体验到了编写查询语句的“复杂性”。在执行复杂查询时，有时无法“一步”完成，需要“分步”操作。这种“分步才能完成的”查询就是本任务要解决的问题。

本任务将学习子查询相关概念、子查询的分类和用法。学习完本任务，你能够：

①理解子查询的分类。

②掌握子查询的语法及用法。

③能够运用子查询解决复杂问题。

【知识准备】

一、子查询的概念

子查询也可称为内部查询，如果一个查询 SELECT 语句 A 置于另一个查询 SELECT 语句 B 的内部，则查询语句 A 则称为子查询。子查询可以作为外部查询的数据源或者是查询条件。

以下 SQL 语句将子查询作为外部查询的数据源，其位于外部查询的 FROM 部分。

```
SELECT * FROM (SELECT column1,column2 FROM t2)
```

以下 SQL 语句将子查询作为外部查询的条件，其位于外部查询的 WHERE 部分。

```
SELECT * FROM t1 WHERE column=(SELECT column FROM t2)
```

以下 SQL 语句将子查询作为外部查询的结果，其位于外部查询的 SELECT 部分。

```
SELECT column,(SELECT column1 FROM t2 WHERE …) FROM t1
```

以上三种写法的子查询也称为“嵌套子查询”。嵌套子查询在执行时，会先处理内层子查询，然后执行外层查询。外层查询的结果依赖于内层查询。内层查询执行时，不依赖外层查询，可独立执行。

有一种特殊情况的子查询，查看如下 SQL 语句：

```
SELECT * FROM t1
WHERE column1 IN (
    SELECT column1 FROM t2
    WHERE t2.column2 = t1.column2);
```

上述 SQL 语句中，子查询语句 SELECT column1 FROM t2 WHERE t2. column2 = t1. column2 的筛选条件 t2. column2 = t1. column2 引用了外部查询字段。这一写法决定了要执行子查询，必须先执行外部查询。因为只有外部查询执行完，才能完成子查询的条件构造。这类查询称为“相关子查询”。

相关子查询与嵌套子查询的区别包括：

（1）嵌套子查询可以独立执行，相关子查询不能独立运行，其依赖于外部查询的结果。

（2）嵌套子查询会先执行，然后再执行外部查询；相关子查询需先执行外部查询，再执行内部查询。

（3）相关子查询的性能差，其执行次数远超嵌套子查询。

因此，相关子查询在使用时应谨慎选择，嵌套子查询使用较广泛。

二、嵌套子查询

根据子查询返回的结果不同，嵌套子查询可以分为单值、单列和集合情况。

本部分案例使用学生表和选课信息表进行介绍，见表 4-23 和表 4-24。

表 4-23　学生表 tb_student

字段名	字段类型	长度	允许空值	描述
Id	int		N	主键，自动递增
stu_no	varchar	20	N	学号
stu_name	varchar		N	学生姓名

表 4-24　选课信息表 tb_course

字段名	字段类型	长度	允许空值	描述
Id	int		N	主键，自动递增
stu_no	varchar	20	N	学号
course_name	varchar		N	课程名称

学生表数据如图 4-14 所示。

选课信息表数据如图 4-15 所示。

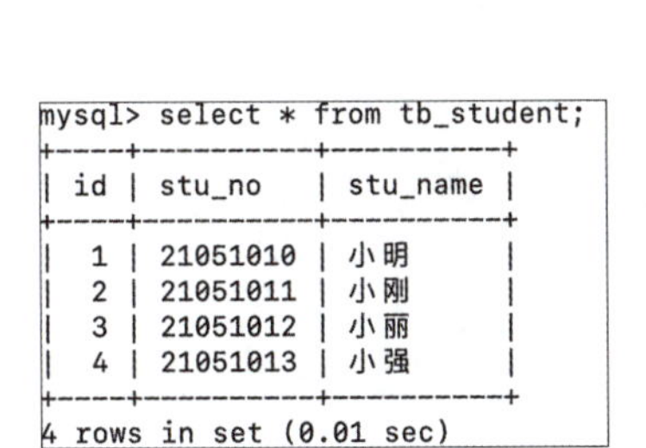

mysql> select * from tb_student;

id	stu_no	stu_name
1	21051010	小明
2	21051011	小刚
3	21051012	小丽
4	21051013	小强

4 rows in set (0.01 sec)

图 4-14　学生表数据

mysql> select * from tb_course;

id	stu_no	course_name
1	21051010	计算机基础
2	21051010	办公自动化
3	21051010	网页制作
4	21051011	计算机基础
5	21051011	网页制作
6	21051012	计算机基础
7	21051011	数据库管理
8	21051011	办公自动化

8 rows in set (0.00 sec)

图 4-15　选课信息表数据

1. 返回单个值的子查询

返回单个值的子查询作为外层查询的筛选条件时，可以使用比较运算符进行判断。比较运算符包括>、>=、<=、<、=、<>。

【例】查询学生小明的选课列表，输出课程名称。

分析：所查的选课名称保存在选课信息表中，但选课信息表中只有学号。题目中只给出了学生姓名，因此，需要先从学生表中根据学生姓名查询到学号，然后再根据学号到选课信息表中查询课程名称。本题符合嵌套子查询的应用场景，具体 SQL 语句如下。

```
SELECT course_name
FROM tb_course
WHERE stu_no =
    (SELECT stu_no FROM tb_student WHERE stu_name='小明')
```

学生信息表中学生姓名不会重复，因此，根据学生姓名查询学号时，最多返回单个值，本题子查询可以使用等号进行判断。

2. 返回单列的子查询

返回单列的嵌套子查询作为外层查询的筛选条件时，可以使用 IN、NOT IN 关键字进行判断。

【例】查询选择“计算机基础”课程的学生列表，输出学号、学生姓名。

分析：本题所查字段来自学生表，题目中给出的条件是课程名称。显然，首先需要根据课程名称查询出选修的学号，再根据学号到学生表中查询。由于选修某课程的学生不止一个，因此，本题子查询将返回多个值。SQL 语句如下：

```
SELECT stu_no,stu_name
FROM tb_student
WHERE stu_no IN
    (SELECT stu_no FROM tb_course WHERE course_name='计算机基础')
```

如果将上述 SQL 语句中的 IN 改为 NOT IN，则含义为：查询没有选修计算机基础课程的学生列表。

3. EXIST 子查询

在 IN 子查询执行时，数据库会执行子查询并将结果缓存起来，外层查询执行时，会将每行数据与子查询结果中的每行进行比较判断，符合条件的外层结果行被保留。

使用 IN 子查询时，其比较判断的次数为外层查询的结果行数×内层子查询的结果行数。显然，若子查询的结果集较大，使用 IN 子查询的效率不高。

使用 EXISTS 子查询可以解决上述问题。

【例】使用 EXISTS 查询选择“计算机基础”课程的学生列表，输出学号、学生姓名。

```
SELECT stu_no, stu_name
FROM tb_student
WHERE EXISTS
(SELECT 1 FROM tb_course
WHERE stu_no = tb_student.stu_no and course_name='计算机基础')
```

仔细查看上述 SQL 语句，可以发现 EXISTS 子查询语句编写的特征：

（1）外层查询 WHERE 子句并没有使用比较运算符，而是直接使用 EXISTS。

（2）内层子查询并没有查询出具体某列的值，而是使用 SELECT 1。

（3）内层子查询的筛选条件包括 2 个，分别是 course_name='计算机基础' 和 stu_no=tb_student. stu_no，其中第 2 个筛选条件引用了外层表中的字段。

根据 EXISTS 查询语句的特征，可以发现其运行原理与 IN 子查询的差距较大，因为 EXISTS 子查询并不会缓存子查询的结果，而只会执行外层查询，并将外层查询中的每行数据“代入”子查询进行判断，若子查询成立，则保留。

EXISTS 子查询的比较次数与外层查询结果行数相同，执行效率比 IN 子查询有显著提升。

4. 使用 ANY/SOME/ALL 的子查询

在进行子查询时，有时需要进行集合间的比较，可以使用 ANY/SOME/ALL 关键字。它们的含义见表 4-25。

表 4-25 ANY/SOME/ALL 关键字

关键字	含义
ANY	与子查询结果比较，其中任意一个值符合条件即可
SOME	与子查询结果比较，有部分结果符合条件即可
ALL	与子查询结果比较，必须所有结果都满足条件

本节所述的 ANY/SOME/ALL 被称为比较谓词，从上面各关键字的含义可以看出，其相当于进行外层查询与内层子查询的集合比较运算。

【例】查询与学生小明（学号为 21051010）选课信息完全相同的学生姓名。

```
SELECT stu_name FROM tb_student
WHERE stu_no IN  (
  SELECT stu_no FROM tb_course
   WHERE course_name >= ALL
   (SELECT course_name FROM tb_course WHERE stu_no='21051010'))
and stu_no ! = '21051010'
```

本题 SQL 语句执行了两层嵌套子查询。最内层子查询 SELECT course_name FROM tb_course WHERE stu_no='21051010' 用于查询出学生小明的所有选修课名称，在其上层的子查询 ELECT stu_no FROM tb_course WHERE course_name >= ALL( ) 中将此结果进行了集合 ALL 的比较，含义为选课名称要大于或等于小明的选修课程名。在最外层查询中，则根据子查询返回的学号查询学生姓名。

【例】查询与学生小明选课有交叉的学生姓名。

```
SELECT stu_name FROM tb_student
WHERE stu_no IN  (
SELECT stu_no FROM tb_course
WHERE course_name = ANY
(SELECT course_name FROM tb_course WHERE stu_no='21051010'))

and stu_no != '21051010'
```

本题只需将上题中的 ALL 改为 ANY，并将比较运算符改为等号即可。仔细思考你会发现，=ANY 的作用与 IN 关键字的作用是相同的。

【任务实施】

商城数据库中多个表两两之间存在联系，在进行复杂查询时，可以使用连接查询编写，也可以使用子查询解决问题。

本部分将使用商城数据库中的 4 张表，表结构见表 4-26 ~表 4-29。

表 4-26　goods_category 商品分类表

字段名	字段类型	长度	允许空值	描述
category_id	bigint		N	商品分类 ID，主键
category_name	varchar	20	N	分类名称
category_rank	int		N	分类排序
parent_id	bigint		Y	上级分类 ID
is_deleted	tinyint	1	N	是否删除
goods_count	int		N	商品数量
create_time	timestamp		N	创建时间

表 4-27　goods 商品表

字段名	字段类型	长度	允许空值	描述
goods_id	bigint		N	商品 ID，主键
category_id	bigint		N	分类 ID
goods_name	varchar	50	N	商品名称
goods_intro	varchar	255	N	商品介绍

续表

字段名	字段类型	长度	允许空值	描述
goods_cover_img	varchar	255	Y	商品封面图
goods_description	text		Y	商品描述
sell_price	decimal	（10，2）	N	销售价格
market_price	decimal	（10，2）	Y	市场价格
stock_num	int		N	库存数量
is_deleted	tinyint	1	N	是否删除，默认为 0
create_time	timestamp		N	创建时间
update_time	timestamp		Y	最后更新时间

表 4-28　orders 订单表

字段名	字段类型	长度	允许空值	描述
order_id	bigint		N	订单 ID，主键
address_id	bigint		N	地址编号
user_id	bigint		N	用户编号
order_no	varchar	32	N	订单号
total_price	decimal	（10，2）	N	总价
pay_status	tinyint	1	N	支付状态（0-未支付，1-已支付）
pay_time	timestamp		Y	支付时间
pay_type	varchar	32	Y	支付方式
pay_transaction_id	varchar	32	Y	支付流水号
order_status	varchar	32	N	订单状态（0-未支付，1-配送中，2-已收货，3-退款中，4-已退款）
user_name	varchar	20	N	用户登录名
user_phone	char	11	N	用户手机号
is_refunded	tinyint	1	Y	是否退款
refund_time	timestamp		Y	退款时间
refund_amount	decimal	（10，2）	Y	退款金额
refund_type	varchar	20	Y	退款方式
refund_transaction_id	varchar	32	Y	退款流水号
create_time	timestamp		N	创建时间
update_time	timestamp		N	最后更新时间
is_deleted	tinyint	1	N	是否删除，默认为 0

表 4-29　order_item 订单商品表

字段名	字段类型	长度	允许空值	描述
order_item_id	bigint		N	ID，主键
order_id	bigint		N	订单 ID
goods_id	bigint		N	商品 ID
goods_name	varchar	50	N	商品名称
goods_cover_img	varchar	255	N	商品图片
sell_price	decimal	（10，2）	N	销售价格
goods_count	int		N	数量
create_time	timestamp		N	创建时间

请根据题目要求编写 SQL 语句，并填写在表格内。

1. 查询所有分类为电脑数码的商品信息，输出商品编号、商品名称。

______

______

______

提示

题目中只给出了分类名称（存储在商品分类表中），但所要查询字段存储在商品表中，商品表中只存储了分类编号。因此，查询可分为两步，分别是：

（1）在商品分类表中，根据商品分类名称查询商品分类编号。

（2）在商品表中，根据商品编号查询商品信息。

2. 查询商品多于 5 种的分类名称和商品数量。

______

______

______

提示

本题可分解为两步编写：

（1）在商品表中，根据商品分类进行分组统计，并筛选出数量大于 5 的分类编号和商品数量。

（2）使用嵌套查询，根据分类编号从分类表中查询分类名称。

参考案例：

【例】查询统计出选课数量大于 2 门的学生信息，输出学生姓名、选课数量。

分析：本题可分为两步执行。

（1）选课信息存储在选课信息表 tb_course 中，因此，可以根据学号进行分组统计，使用 having 子句对选课数量进行筛选。

（2）根据第（1）步中查询的学号到学生表中查询学生姓名。

合并以上两步，编写 SQL 语句如下：

```
select (select stu_name from tb_student where stu_no=t.stu_no) as 学生姓名, count
(*) as 选课数量
    from tb_course as t
    group by stu_no
    having count(*) > 2
```

以上 SQL 语句展示了使用嵌套子查询作为外层查询结果列的用法。在嵌套子查询 select stu_name from tb_student where stu_no = t. stu_no 中引用了外层表中的字段构成筛选条件。

思考：本题使用连接查询是否可以完成？编写的查询连接语句与子查询的有何区别？

3. 商品分类是二级结构。编写 SQL 语句查询大类：电器下的所有子分类。

____

____

____

提示

本题只需要从商品分类表中进行查询，parent_id 字段表示上级分类的编号，因此查询可以分为两步执行：

(1) 根据大类名称（电器）查询其分类编号。

(2) 根据大类的分类编号查询其下分类信息。

4. 查询商品名称为“华为手机 P40”当天的订单列表，输出订单编号、订单总金额。

____

____

____

提示：

本题可分为三步查询完成：

(1) 在商品表中，根据商品名称查询出商品编号。

(2) 在商品明细表中，根据商品编号查询出订单编号。

(3) 在订单表中，根据订单编写查询出订单信息。

5. 查询商品分类“电脑数码”下的商品当天的订单列表，输出订单编号、订单总金额。

____

____

____

提示：

本题可分 4 步查询完成：

(1) 在商品分类表中，根据分类名称查询分类编号。

(2) 在商品表中，根据分类编号查询所有商品编号。

(3) 在订单明细表中，使用第（2）步中的商品编号匹配订单编号。

(4) 在订单表中，根据订单编号查询订单信息。

使用子查询解决本题，将查询分为多个步骤，编写出的 SQL 语句篇幅较长。本题也可以使用连接查询完成，请思考并写出连接查询的解决方法。

【任务评价】

1. 学生自我评估与总结

（1）学习本任务，你掌握了哪些知识点？

（2）在学习本任务过程中，遇到了哪些困难？是如何解决的？

2. 课堂自我评价（表 4-30）

表 4-30 课堂自我评价

班级		姓名		填写日期	
#	项目	评价要点		权重	得分
1	课前预习	能够按要求完成课前预习。 能够仔细阅读教材资料并记录。 能够提出疑问并自主检索资料。 能够与同组同学进行讨论。		20	
2	课中任务学习	能够认真听讲并记录。 能够在听讲过程中提出疑问。 能够与同组同学讨论并提出自己的观点。 能够认真听讲并回答老师的提问。		20	
3	课中任务实施	能够仔细听讲并完成实施任务。 能够正确填写实施报告。 能够与同组同学互相讨论并帮助同组成员解决问题。		40	
4	职业素养	具备团队协作能力，能主动与同组同学进行问题讨论，并协调和帮助同组成员解决问题。 具备开源精神与思想，遵守开源相关规范。 具备爱国之心，具有社会主义主人翁意识。		20	

项目五

管理数据

项目背景

从使用角度来看，网站可以分为前台和后台。前台是使用者访问的操作界面，农产品网上商城的前台为消费者提供了产品展示、加购与下单等功能；后台是面向网站管理者提供的操作界面。商城后台面向具有访问权限的用户提供产品管理、订单管理等功能，包括产品上下架、订单管理、用户管理等。从上面的分析可以看出，前台的主要数据操作是查询，后台的主要数据操作是添加、修改和删除。

前台面向终端用户，在运行时，会承受较大的访问压力，因此，编写出性能良好的查询语句，以及对数据表存储进行优化等决定了查询性能。前台的产品分类数据、产品数据由后台进行维护；前台产生的订单等数据，后台可以查看和管理。前、后台虽然功能不同，但数据是相通的。

数据间的关联关系与业务是紧密联系的，因此，进行数据管理时，需要注意数据的完整性、一致性问题。在执行数据修改或删除前，需要确保数据符合定义规则、约束和业务逻辑，避免数据错误而导致网站故障。当某一业务操作需要同时操作多张数据表时，还要使用事务机制确保数据的一致性。

本项目内容涉及插入数据、更新与删除数据语句，各语句的语法不复杂，但操作影响重大，在执行操作前，应养成良好的数据备份策略，谨慎操作。

任务一 插入数据

【任务目标】

1. 掌握添加数据 SQL 语法的方法。
2. 掌握 SQL 语句排错及调试方法。
3. 能够编写插入数据的 SQL 语句。
4. 能够运用数据库知识解决实际问题。

【任务描述】

在之前的内容中，主要学习了数据查询操作。对数据的操作不仅包括查询，还有新增、更新和删除，分别对应 SQL 语句为 INSERT、UPDATE 和 DELETE。这类数据操作的语句称为网络数据操作语言（Data Manipulation Language，DML）。

插入数据的 SQL 语句，根据每次插入数据的行数不同，可以分为单行插入、多行插入和外部导入三种方式。

学习完本任务，你能够掌握插入数据 SQL 的用法。

【知识准备】

一、单行插入

一次插入单行数据的语法为：

```
INSERT INTO 表名[(字段1,字段2,…)]
VALUES(值1,值2,…)
```

由上述语法结构可以看到，插入语句的结构是 INSERT INTO…VALUES…，其中，表名之后的字段列表可以省略，但通常要求不省略，因为明确地写出字段名，可让 SQL 更加直观。

在编写插入数据 SQL 时，还需注意以下几点：

（1）插入语句中的字段数量与值的数量要相同，字段类型与值的类型要一致。对于字符、日期类型，指定的值要加单引号。

（2）若字段为空，则可以省略；若字段不为空，且未设置默认值，则必须指定值。

（3）对于有默认值的字段，可以使用 DEFAULT 关键字引用默认值。

（4）对于自增列，可以不指定值或指定为 NULL 值。

（5）可以使用 MySQL 内置函数作为值，例如，使用 now()、current_timestamp()获取当前时间作为值。

下面以商品分类表为例，演示插入数据示例，见表 5-1。

表 5-1　商品分类表结构

表名	goods_category 商品分类表			
字段名	字段类型	长度	允许空值	描述
category_id	bigint		N	商品分类 ID，主键
category_name	varchar	20	N	分类名称
category_rank	int		N	分类排序，默认为 0
parent_id	bigint		Y	上级分类 ID
is_deleted	tinyint	1	N	是否删除，默认为 0
goods_count	int		N	商品数量，默认为 0
create_time	timestamp		N	创建时间，默认当前时间

创建 SQL 语句为：

```
create table goods_category(
	category_id bigint auto_increment primary key,
	category_name varchar(20) not null,
	category_rank int not nulldefault 0,
	parent_id bigint,
	is_deleted tinyint(1) not null default 0,
	goods_count int not null default 0,
	create_time timestamp not null default current_timestamp
);
```

【例】向商品分类表插入一行数据，分类名称为生活家居。

使用全字段名编写插入语句：

```
INSERT INTO goods_category(category_id,category_name,category_rank,
parent_id,is_deleted,goods_count,create_time)
VALUES(NULL,'生活家居',DEFAULT,NULL,DEFAULT,DEFAULT,DEFAULT)
```

执行结果如图 5-1 所示。

```
mysql> select * from goods_category;
+-------------+---------------+---------------+-----------+------------+-------------+----------
| category_id | category_name | category_rank | parent_id | is_deleted | goods_count | create_t
+-------------+---------------+---------------+-----------+------------+-------------+----------
|           1 | 生活家居      |             0 |      NULL |          0 |           0 | 2022-05-
+-------------+---------------+---------------+-----------+------------+-------------+----------
```

图 5-1　插入一行数据执行结果

从上面语句可以看出，对于自增列和有默认值的字段，全部使用 NULL 作为值。

进一步简化语句为：

```
INSERT INTO goods_category(category_name)
VALUES('生活家居')
```

对于直接省略自增列和有默认值的字段，插入的数据将直接使用默认值。

二、多行插入

使用 SELECT…UNION 结构实现插入多条数据，语法如下：

```
INSERT INTO 表名(字段列表)
SELECT 值列表
UNION
SELECT 值列表
…
```

【例】向商品分类表中插入 3 条分类信息，分别为电脑数码、衣服鞋帽、生鲜食品。

```
INSERT INTO goods_category(category_name)
SELECT '电脑数码'
UNION
SELECT '衣服鞋帽'
```

```
UNION
SELECT '生鲜食品'
```

执行结果如图 5-2 所示。

```
mysql> INSERT INTO goods_category(category_name)
    -> SELECT '电脑数码'
    -> UNION
    -> SELECT '衣服鞋帽'
    -> UNION
    -> SELECT '生鲜食品';
Query OK, 3 rows affected (0.00 sec)
Records: 3  Duplicates: 0  Warnings: 0
```

图 5-2　插入多条数据执行结果

通过本例可以看到，SELECT … UNION 结构的作用是将 SELECT 的查询结果联合叠加起来，形成了多行数据。

UNION 结构同样可以用于上一个项目中所学习的 SELECT 查询语句，实现查询结果的联合叠加。思考下面语句的作用：

```
SELECT stu_no FROM tb_student
UNION
SELECT stu_no FROM tb_course
```

上述 SQL 的作用是从学生表和课程表中分别查询出学号，并将查询出的结果合并。

当前 tb_student 表中共有 4 行，tb_course 表中保存了这 4 名学生的 8 条选课记录，那么最终查询结果是否为 12 行呢？SQL 执行结果如图 5-3 所示。

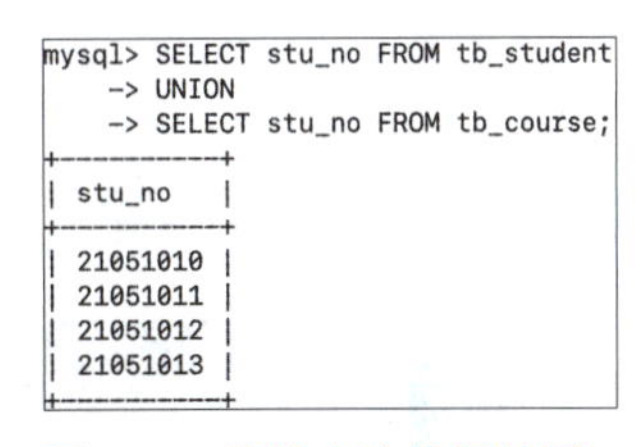

```
mysql> SELECT stu_no FROM tb_student
    -> UNION
    -> SELECT stu_no FROM tb_course;
+----------+
| stu_no   |
+----------+
| 21051010 |
| 21051011 |
| 21051012 |
| 21051013 |
+----------+
```

图 5-3　连接查询执行结果 1

图 5-3 中展示出的结果为 4 行。可以发现，使用 UNION 语句默认将重复行去除了，最终结果只保留了 tb_student 表中的全部数据。

若希望保留所有行，不去除重复行，可以使用 UNION ALL 关键字，如图 5-4 所示。

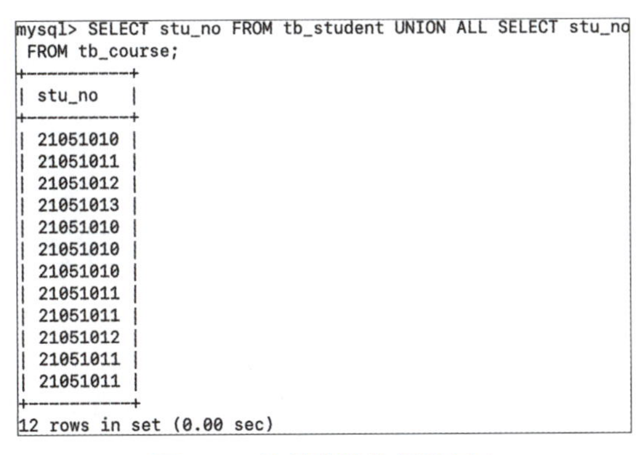

```
mysql> SELECT stu_no FROM tb_student UNION ALL SELECT stu_no
 FROM tb_course;
+----------+
| stu_no   |
+----------+
| 21051010 |
| 21051011 |
| 21051012 |
| 21051013 |
| 21051010 |
| 21051010 |
| 21051010 |
| 21051011 |
| 21051011 |
| 21051012 |
| 21051011 |
| 21051011 |
+----------+
12 rows in set (0.00 sec)
```

图 5-4　连接查询执行结果 2

使用 INSERT INTO… VALUES( ),( )结构插入多条数据，语法如下：

```
INSERT INTO 表名(字段列表)
VALUES(值列表),(值列表),…
```

【例】向商品分类表中插入 3 条分类信息，分别为电脑数码、衣服鞋帽、生鲜食品。

```
INSERT INTO goods_category(category_name)
VALUES('电脑数码'),('衣服鞋帽'),('生鲜食品')
```

执行结果如图 5-5 所示。

```
mysql> INSERT INTO goods_category(category_name)
    -> VALUES('电脑数码'),('衣服鞋帽'),('生鲜食品');
Query OK, 3 rows affected (0.01 sec)
Records: 3  Duplicates: 0  Warnings: 0
```

图 5-5　插入语句演示与执行结果

将 SELECT 语句查询结果插入数据表。语法如下：

```
INSERT INTO 表 1(值列表)
SELECT 字段列表
FROM 表 2
```

【例】从数据表 t1 中查询所有行，并将字段 c1、c2 结果插入数据表 t2 的 c3、c4 字段中。

```
INSERT INTO t2(c3,c4)
SELECT c1,c2
FROM t1
```

三、使用 LOAD DATA 语句加载外部数据

LOAD DATA 语句可以直接读取外部文本数据文件，并将文件里的数据插入指定表中。导入的文件可以使用 SELECT…INTO…语句导出，也可以手动编写。

SELECT…INTO…结构语法为：

```
SELECT 字段列表 INTO OUTFILE '文件路径'
CHARACTER SET utf8mb4
FIELDS TERMINATED BY ','
ENCLOSED BY '"'
LINES TERMINATED BY '\n'
FROM 表名
```

上述语法可以分为以下几部分理解：

（1）INTO OUTFILE 子句用于指定导出的文件路径，例如：c:/data.txt。

（2）CHARACTER SET utf8mb4 子句用于指定导出时的编码字符集。

（3）FIELDS TERMINATED BY 子句用于指定导出时字符间的分隔符。

（4）ENCLOSED BY 子句用于指定字段的包围符。

（5）LINES TERMINATED BY 子句用于指定每行的分隔符，\n 表示换行。

【例】使用 SELECT…INTO OUTFILE…结构导出 goods_category 表数据到文件 c:/data.txt 的示例代码为：

```
SELECT * INTO OUTFILE 'c:/data.txt'
CHARACTER SET utf8mb4
FIELDS TERMINATED BY ','
ENCLOSED BY '"'
LINES TERMINATED BY '\n'
FROM goods_category;
```

导出数据格式如图 5-6 所示。

```
"1","水果","1",\N,"0","0","2022-04-11 18:24:14",\N
"2","热带水果","1","1","0","0","2022-04-11 18:28:59",\N
"3","柑橘类","2","1","0","0","2022-04-11 18:28:59",\N
"4","浆果类","3","1","0","0","2022-04-11 18:28:59",\N
"5","瓜果类","4","1","0","0","2022-04-11 18:28:59",\N
"6","蔬菜","2",\N,"0","0","2022-04-11 18:28:59",\N
"7","叶菜类","1","6","0","0","2022-04-11 18:28:59",\N
"8","豆菜类","2","6","0","0","2022-04-11 18:28:59",\N
"9","根茎菜类","3","6","0","0","2022-04-11 18:28:59",\N
"10","禽畜肉蛋","3",\N,"0","0","2022-04-11 18:28:59",\N
"11","蛋类","1","10","0","0","2022-04-11 18:28:59",\N
"12","活畜","2","10","0","0","2022-04-11 18:28:59",\N
"13","活禽","3","10","0","0","2022-04-11 18:28:59",\N
```

图 5-6　使用 SELECT…INTO OUTFILE…结构导出数据示例

上述案例的 SELECT…INTO OUTFILE…语句也可以简写为：

```
SELECT * INTO OUTFILE 'c:/data.txt' FROM goods_category
```

导出的数据格式如图 5-7 所示。从图中可以看出，若未指定字段间的分隔符，将默认使用 Tab 制表符作为间隔，并且导出的数据没有符号作为包裹。

```
1	水果	1	\N	0	0	2022-04-11 18:24:14	\N
2	热带水果	1	1	0	0	2022-04-11 18:28:59	\N
3	柑橘类	2	1	0	0	2022-04-11 18:28:59	\N
4	浆果类	3	1	0	0	2022-04-11 18:28:59	\N
5	瓜果类	4	1	0	0	2022-04-11 18:28:59	\N
6	蔬菜	2	\N	0	0	2022-04-11 18:28:59	\N
7	叶菜类	1	6	0	0	2022-04-11 18:28:59	\N
8	豆菜类	2	6	0	0	2022-04-11 18:28:59	\N
9	根茎菜类	3	6	0	0	2022-04-11 18:28:59	\N
10	禽畜肉蛋	3	\N	0	0	2022-04-11 18:28:59	\N
```

图 5-7　数据导出结果

LOAD DATA 的语法为：

```
LOAD DATA INFILE '外部数据文件路径'
REPLACE INTO TABLE 表名
CHARACTER SET utf8mb4
FIELDS TERMINATED BY ','
ENCLOSED BY '"'
LINES TERMINATED BY '\n'
```

【例】使用 LOAD DATA 语句加载 c:/data.txt 到数据表 goods_category 中。

导出语句如下所示。

```
LOAD DATA INFILE 'c:/data.txt'
REPLACE INTO TABLE goods_category
CHARACTER SET utf8mb4
FIELDS TERMINATED BY ','
ENCLOSED BY '"'
LINES TERMINATED BY '\n'
```

使用 LOAD DATA 语句导入数据时，需要注意指定数据的格式，并且格式应与导出时的一致。

【任务实施】

任务 1：向商品分类表中插入数据。

商品分类表结构见表 5-2。

表 5-2　goods_category 商品分类表

字段名	字段类型	长度	允许空值	描述
category_id	bigint		N	商品分类 ID，主键
category_name	varchar	20	N	分类名称
category_rank	int		N	分类排序，默认为 0
parent_id	bigint		Y	上级分类 ID
is_deleted	tinyint	1	N	是否删除，默认为 0
goods_count	int		N	商品数量，默认为 0
create_time	timestamp		N	创建时间，默认当前时间

商品分类表的数据如图 5-8 所示。

category_id	category_name	category_rank	parent_id	is_deleted	goods_count	create_time	update_time
1	水果	1	(NULL)	0	0	2022-04-11 18:24:14	(NULL)
2	热带水果	1	1	0	1	2022-04-11 18:28:59	(NULL)
3	柑橘类	2	1	0	1	2022-04-11 18:28:59	(NULL)
4	浆果类	3	1	0	1	2022-04-11 18:28:59	(NULL)
5	瓜果类	4	1	0	0	2022-04-11 18:28:59	(NULL)
6	蔬菜	2	(NULL)	0	0	2022-04-11 18:28:59	(NULL)
7	叶菜类	1	6	0	0	2022-04-11 18:28:59	(NULL)
8	豆菜类	2	6	0	0	2022-04-11 18:28:59	(NULL)
9	根茎菜类	3	6	0	0	2022-04-11 18:28:59	(NULL)
10	禽畜肉蛋	3	(NULL)	0	0	2022-04-11 18:28:59	(NULL)
11	蛋类	1	10	0	0	2022-04-11 18:28:59	(NULL)
12	活畜	2	10	0	0	2022-04-11 18:28:59	(NULL)
13	活禽	3	10	0	0	2022-04-11 18:28:59	(NULL)

图 5-8　商品分类表测试数据

1. 编写 SQL 语句向商品分类表中插入图 5-9 所示数据。

category_id	category_name	category_rank	parent_id	is_deleted	goods_count	create_time
1	水果	1	NULL	0	0	2022-04-11 1
2	热带水果	1	1	0	1	2022-04-11 1
3	柑橘类	2	1	0	1	2022-04-11 1
4	浆果类	3	1	0	1	2022-04-11 1
5	瓜果类	4	1	0	0	2022-04-11 1

图 5-9 商品分类表插入数据示例

2. 查看商品分类表 goods_category 结构可知，表中存储了二级分类信息。请编写 SQL 语句查询出所有一级分类，并将数据保存到新表 category_top 中（新表的结构与原表的相同）。

3. 编写 SQL 语句查询统计出所有一级分类下二级分类的数量，输出一级分类名称和其下属二级分类的数量。查询如果如图 5-10 所示。

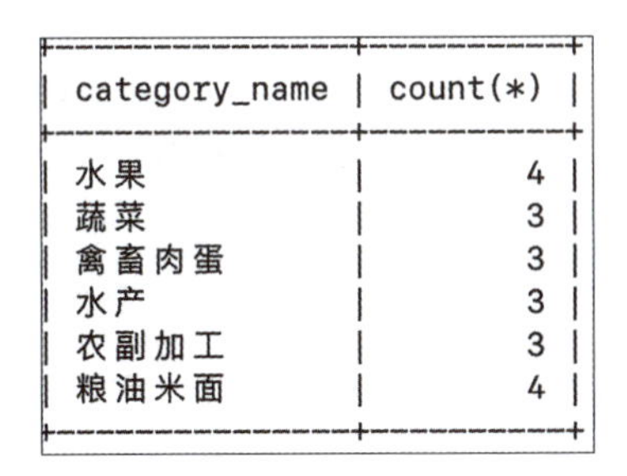

category_name	count(*)
水果	4
蔬菜	3
禽畜肉蛋	3
水产	3
农副加工	3
粮油米面	4

图 5-10 一级分类名称及下属分类数量

提示

本题需要 goods_category 表自己与自己进行内连接，连接条件为分类编号 = 上级分类编号。使用分组查询和聚合 count 函数计算数量。

任务 2： 数据导出/导入。

1. 使用 SELECT …INTO OUTFILE 结构将 goods_category 表中数据导出到 c:/goods_category. txt 中，请编写 SQL 语句并本地验证。

2. 使用 LOAD DATA 语句将外部数据文件 c:/goods_category.txt 中的数据导入表 goods_category2 中，请编写 SQL 语句并在本地验证。

____

____

【任务评价】

1. 自我评估与总结

（1）学习本任务，你掌握了哪些知识点？

____

____

____

（2）在学习本任务过程中，遇到了哪些困难？是如何解决的？

____

____

____

（3）谈谈你的心得体会。

____

____

____

2. 课堂自我评价（表 5-3）

表 5-3 课堂自我评价

班级		姓名		填写日期	
#	项目	评价要点		权重	得分
1	课前预习	能够按要求完成课前预习。 能够仔细阅读教材资料并记录。 能够提出疑问并自主检索资料。 能够与同组同学进行讨论。		20	
2	课中任务学习	能够认真听讲并记录。 能够在听讲过程中提出疑问。 能够与同组同学讨论并提出自己的观点。 能够认真听讲并回答老师的提问。		20	
3	课中任务实施	能够仔细听讲并完成实施任务。 能够正确填写实施报告。 能够与同组同学互相讨论并帮助同组成员解决问题。		40	
4	职业素养	具备团队协作能力，能主动与同组同学进行问题讨论，并协调和帮助同组成员解决问题。 具备开源精神与思想，遵守开源相关规范。 具备爱国之心，具有社会主义主人翁意识。		20	

任务二 更新与删除数据

【任务目标】

1. 掌握数据更新的 SQL 语句编写。
2. 掌握数据删除的 SQL 语句编写。
3. 能够编写更新 SQL 语句解决实际问题。
4. 能够编写删除 SQL 语句解决实际问题。

【任务描述】

本任务将学习数据更新语句和删除语句，具体知识导图如图 5-11 所示。

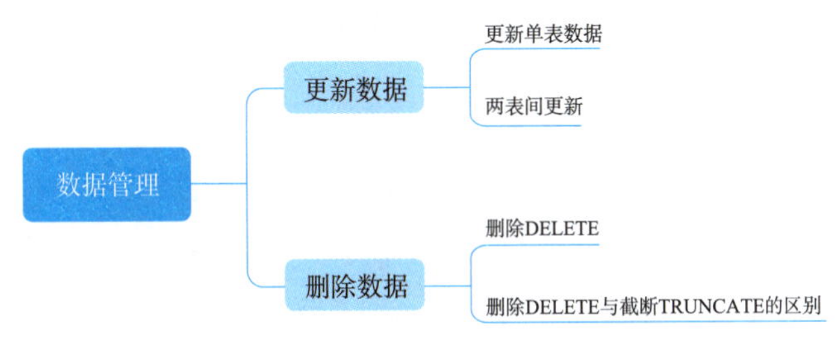

图 5-11 任务二知识点思维导图

【知识准备】

一、数据更新

数据更新使用 UPDATE 语句实现。根据更新语句关联的表数量，可以分为单表更新和多表连接更新。

1. 单表更新

单表更新的语法为：

```
UPDATE [LOW_PRIORITY] [IGNORE]表名
SET 字段名=值,字段名=值…
[WHERE 条件]
[ORDER BY 排序字段]
[LIMIT 行数]
```

语法中各部分含义如下：

（1）LOW_PRIORITY 修饰符：若添加此修饰符，UPDATE 语句的执行会延迟到在数据表没有其他客户端读取时执行，而不是立即执行。此修饰符只会影响使用了 MySIAM、MEMORY 和 MERGE 表级锁定的存储引擎。

（2）IGNORE 修饰符：如果指定此修饰符，则更新期间若出现错误，执行不会中止，而是忽略错误继续执行。

（3）WHERE 子句：作用是筛选出被更新的数据行。

（4）ORDER BY 子句：对被更新的数据进行排序。

（5）LIMIT 关键字：指定限定行，例如，希望更新前 3 行，则编写 LIMIT 3。

注意事项

在编写更新语句时，通常都会加上 WHERE 子句，用于筛选部分行。若不添加筛选条件，将会导致更新所有行。在执行更新操作前，务必确认语句是否正确。

下面以更新商品分类表 goods_category 数据为例进行讲解。

【例】更新分类“水产加工”的商品数量（goods_count 字段）值为 20。

```
UPDATE goods_category
SET goods_count = 20
WHERE category_name='水产加工'
```

此例演示了 UPDATE 语句的基本用法，通过 WHERE 子句指定要更新的数据行，SET 部分指定修改的字段和值。

【例】更新所有分类的商品数量累加 1。

```
UPDATE goods_category
SET goods_count = goods_count+1
```

此例演示了对字段实现累加更新。

【例】筛选出编号为 20 的分类信息，更新其父级编号（parent_id 字段）值为 NULL，排序（category_rank 字段）为默认值，最后更新时间（update_time 字段）为当前时间。

```
UPDATE goods_category
SET parent_id = NULL,category_rank=DEFAULT,update_time=NOW()
WHERE category_ id=20
```

上述案例演示了如何在更新时使用空值 NULL、默认值 DEFAULT 和系统函数。更新语句在执行时，还应满足表中的非空约束、检查约束和外键约束等要求。

【例】更新所有分类的 ID 递增 1。

```
UPDATE goods_category
SET category_id = category_id + 1
ORDER BY category_id desc
```

此例演示了 ORDER BY 的用法。由于 category_id 字段为主键，UPDATE 语句在执行时，默认按照存储顺序执行，即从 category_id 最小值开始执行累加操作，即先对 category_id=1 进行累加，变为 2，很显然这会导致主键值重复错误。若从最大值开始累加，将不会出错，因此，需要按照 category_id 倒序排列。

以上更新案例都是对一张数据表进行更新，UPDATE 语句还支持多表连接。

2. 多表连接更新

多表更新的语法为（以两张表为例）：

```
UPDATE [LOW_PRIORITY] [IGNORE]表 1,表 2
SET 表 1.字段=表 2.字段
WHERE 表 1.字段=表 2.字段
```

从语法可以看出，多表连接更新不支持 ORDER BY 和 LIMIT 关键字。WHERE 子句的作用是实现两表连接（内连接）。SET 子句则实现了使用表 2 字段更新表 1 的字段值。

【例】更新订单明细（order_item）表中的商品名称和商品（goods）表中的商品名称。

```
UPDATE order_item,goods
SET order_item.goods_name = goods.goods_name
WHERE order_item.goods_id = goods.goods_id
```

此例语句的执行过程为：首先将 order_item 表和 goods 表进行内连接，然后将 goods 表中的 goods_name 字段值更新到 order_item 表中的 goods_name 字段。

二、数据删除

删除语句的语法为：

```
DELETE FROM 表名
[ WHERE 条件]
[ ORDER BY …]
[LIMIT 行数]
```

语法中 WHERE、ORDER BY、LIMIT 子句的作用与 UPDATE 语句的相同。若不指定 WHERE 子句，则会清空指定表数据。

【例】从 goods 表中删除编号（goods_id）为 1001 的商品。

```
DELETE FROM goods
WHERE goods_id = 1001
```

【例】从 orders 表中删除编号（user_id）为 1 的用户最近的 1 笔订单。

```
DELETE FROM orders
WHERE user_id = 1
ORDER BY order_id DESC
LIMIT 1
```

此例中使用 WHERE 子句筛选出 1 号用户的订单，使用 ORDER BY 对筛选出的数据基于 order_id 进行倒序排列，使用 LIMIT 1 限制删除 1 行。

若要清空数据表，除了使用 DELETE 语句外，还可以使用 TRUNCATE TABLE 语句。语法为：

```
TRUNCATE TABLE 表名
```

使用 TRUNCATE TABLE 清空表数据与使用 DELETE 语句的区别为：

（1）TRUNCATE TABLE 语句的执行原理是删除并重建数据表，DELETE 语句的执行原理是逐行扫描删除。因此，TRUNCATE TABLE 语句执行速度更快。

（2）TRUNCATE TABLE 清空表后，表中的 AUTO_INCREMENT 自增列的值会被重置为初始值，DELETE 语句不会。

（3）TRUNCATE TABLE 语句清空表数据后，不能恢复；DELETE 语句删除表数据后，可使用日志文件进行恢复。

【任务实施】

任务 1： 根据题目要求编写 SQL 语句完成商品分类表的更新操作。

请将验证后的 SQL 语句填写至题目下方。

1. 更新商品分类（goods_category）表中“水果”分类的商品数量（goods_count）值为 50。

____

____

2. 更新水果分类下的所有二级分类的商品数量各自累加 10。

____

____

3. 更新商品分类表中所有二级分类的商品数量为商品表中对应数量。（提示：需使用多表连接更新。）

____

____

任务 2： 根据要求完成商品分类与商品表的删除操作。

1. 删除商品分类“粮油米面”下的商品。

____

____

2. 删除商品数量少于 5 的商品分类。

____

____

3. 删除购物车（cart_item）中用户已下单的商品。

____

____

【任务评价】

1. 自我评估与总结

（1）学习本任务，你掌握了哪些知识点？

____

____

____

____

（2）在学习本任务过程中，遇到了哪些困难？是如何解决的？

____

____

____

____

（3）谈谈你的心得体会。

____

____

____

____

2. 课堂自我评价（表 5-4）

表 5-4　课堂自我评价

班级		姓名		填写日期	
#	项目	评价要点		权重	得分
1	课前预习	能够按要求完成课前预习。 能够仔细阅读教材资料并记录。 能够提出疑问并自主检索资料。 能够与同组同学进行讨论。		20	
2	课中任务学习	能够认真听讲并记录。 能够在听讲过程中提出疑问。 能够与同组同学讨论并提出自己的观点。 能够认真听讲并回答老师的提问。		20	
3	课中任务实施	能够仔细听讲并完成实施任务。 能够正确填写实施报告。 能够与同组同学互相讨论并帮助同组成员解决问题。		40	
4	职业素养	具备团队协作能力，能主动与同组同学进行问题讨论，并协调和帮助同组成员解决问题。 具备开源精神与思想，遵守开源相关规范。 具备爱国之心，具有社会主义主人翁意识。		20	

项目六

数据库开发进阶

项目背景

经过前面5个项目的学习，相信你已经对关系型数据库理论有了更深入的理解，对MySQL数据库创建、数据表的创建与维护、数据查询与管理有了基本的掌握，已经初步具备了数据库应用能力，但上述能力还不能满足企业级应用中数据库应用能力要求。

企业级管理信息系统和各类互联网应用都具有一些典型特征，如业务复杂、数据表数量多且关系复杂、数据量大、并发用户多、各类数据统计报表复杂等。基于以上特征，要求开发和运维人员能够对数据库进行相应优化，包括数据表结构优化、存储优化、查询语句优化等。本项目将面向上述情况讲解企业级数据库设计和运维过程中所使用的索引、视图、触发器、存储过程与函数技术，帮助开发者和运维人员高效访问和管理数据库。

任务一　使用索引优化查询效率

【任务目标】

1. 理解索引的概念与原理。
2. 掌握创建索引和删除索引的方法。
3. 能够正确创建索引。
4. 能够合理运用索引解决实际问题。

【任务描述】

索引是数据库查询中重要的概念，是进行查询优化时必备的技能之一。掌握索引的原理与使用是软件开发人员、数据库开发及管理人员的必备要求。

本任务要求为商城数据库相关表创建索引，以优化查询性能。具体包括：

①为商品分类表中的“上级分类编号”字段创建索引。

②为商品表中的“商品分类”编号创建索引。

③为商品表中的“用户编号”和“商品分类编号”创建索引。

④为订单表中的“商品编号”和“用户编号”创建索引。

⑤为购物车表中的“用户编号”和“商品编号”创建索引。

本任务的知识点如图 6-1 所示。

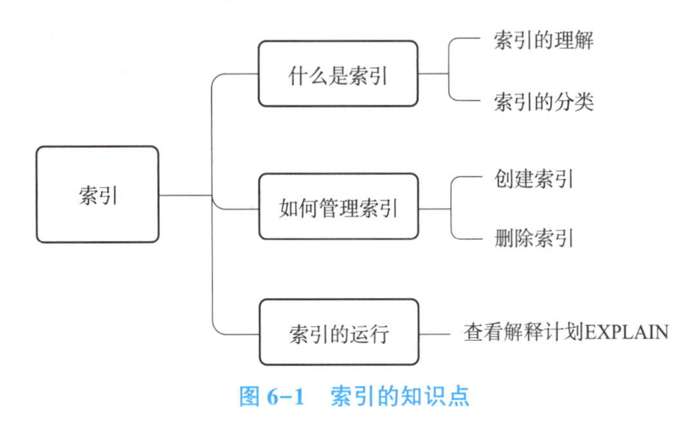

图 6-1　索引的知识点

【知识准备】

一、索引的概念和作用

1. 索引的概念

索引在生活中经常被使用，例如，图书目录、字典目录等，这些都是索引。你可以想象一下，如果一本书没有目录，要快速查找或找到某个章节，则只能从第 1 页开始翻看查找，效率是非常低的。在数据库中，这种从数据表中第 1 条开始找的过程称为表扫描。图书有了目录以后，可以先在目录中找到内容对应的页码，然后直接打开所在页即可。图 6-2 所示为索引的示意图。从以上可以看出，索引出现的目的是提高检索的效率。

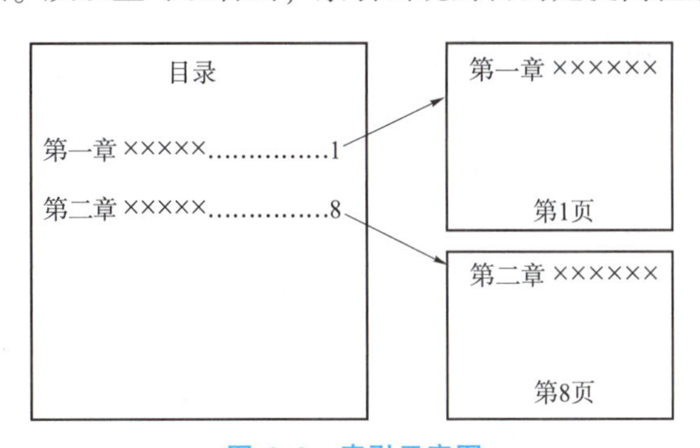

图 6-2　索引示意图

2. 索引的作用

通过图书目录的案例可以看出，使用索引可以大大提高数据的查询速度。索引是表中单独存储的一种特殊的数据结构，索引中保存了数据和数据在表中的地址，以图书目录为例，图书目录中保存了章节的标题和章节在书中的页码。

从图书目录案例可以总结出两点关于索引的特征：

（1）索引的存储占用表的存储空间。

（2）索引是面向字段创建的。

思考：索引是不是越多越好？

答案是否定的。索引的作用是提高查询效率，只有保证在查询时能够正确使用到索引，索引才是有效的。另外，创建更多的索引使得数据表存储空间增大，这也会降低数据表的操作效率，因为当修改数据时，索引中的数据也会随之更新。

索引的设计原则包括：

（1）索引数量并非越多越好，大量的索引会占用表的存储空间，还会影响数据更新（UDPATE、DELETE、INSERT）的性能。

（2）若表中的数据量较小，则不需要创建索引。创建索引反而会增加表存储空间和降低检索效率。

（3）对于数据经常更新的表，表中的索引应尽可能少，因为每次数据更新时都会同步更新索引中的数据。

（4）若某个字段中重复值较多、非重复值较少，这种字段不需要创建索引。例如，性别字段。

3. 索引的分类

MySQL 中的索引可以分为以下几类：

1）唯一索引和普通索引

唯一索引是指被索引列的值必须唯一，但允许存在空值，唯一索引的创建方式为 CREATE UNIQUE INDEX；普通索引则允许被索引列的值重复，并且可包含空值，普通索引的创建方式为 CREATE INDEX。

主键索引是一种特殊的唯一索引，主键索引不能为空值，可理解为数据库为主键默认创建了唯一索引。

2）单列索引和组合索引

单列索引是面向单个字段创建的索引；组合索引是为多个字段创建的，并且只有当组合字段中最左侧的字段被作为查询条件时，组合索引才会被使用。

3）全文索引

全文索引的名称为 FULLTEXT，其含义是在被索引字段上执行全文查找，允许被索引字段的值存在重复和空值。全文索引创建语法为 CREATE FULLTEXT INDEX。全文索引只能在字符类型上创建，例如，CHAR、VARCHAR 和 TEXT 类型，并且只能建立在使用 MyISAM、InnoDB 存储引擎的表上。

4）空间索引

空间索引是面向空间数据类型字段创建的索引。MySQL 中支持 4 种空间数据类型，分别是 GEOMETRY、POINT、LINESTRING、POLYGON。

二、管理索引

1. 创建索引

在数据库开发和维护中，创建索引主要采取以下两种方式：

（1）创建表的同时创建索引，语法为：

```
CREATE TABLE tbl_name (
col_name col_definition, ...
    INDEX index_name index_type key_part
)
```

其中，tbl_name 指表名称；col_name 指列名；col_definition 指列定义；index_name 指索引名称；index_type 指索引类型；key_part 指索引的字段。

（2）使用 CREATE INDEX 创建索引，语法为：

```
CREATE [UNIQUE | FULLTEXT | SPATIAL] INDEX 索引名称
ON 表名(字段列表)
```

其中，UNIQUE 表示唯一索引；FULLTEXT 表示全文索引；SPATIAL 表示空间索引。索引名称通常以 idx_开头，字段列表可为单个字段或多个字段。

【例】为用户表（user）中的登录名字段（login_name）创建唯一索引。

```
CREATE UNIQUE INDEX idx_user_login_name ON user(login_name)
```

此例中创建了唯一、单列索引。

【例】为用户表（user）中登录名、密码字段创建组合索引。

```
CREATE INDEX idx_user_login_name_password ON user(login_name,password_md5);
```

此例中创建了普通、多列（组合）索引。

创建完索引后，可以使用 EXPLAIN 语句查看查询语句的执行计划，以判断语句执行时是否正常使用索引。

图 6-3 展示了用户表中“登录名”字段未创建索引时，根据登录名查找用户的语句执行计划。从图中可以看出，当前查询为表扫描（type = ALL）。

```
mysql> explain select * from user where login_name='zhangs' \G;
*************************** 1. row ***************************
           id: 1
  select_type: SIMPLE
        table: user
   partitions: NULL
         type: ALL
possible_keys: NULL
          key: NULL
      key_len: NULL
          ref: NULL
         rows: 1
     filtered: 100.00
        Extra: Using where
1 row in set, 1 warning (0.00 sec)
```

图 6-3　查询语句解释执行计划结果

EXPLAIN 语句输出结果中各行含义如下：

（1）select_type 表示查询语句的类型。SIMPLE 表示简单查询，其他取值还有 PRIMARY、UNION、SUBQUERY 等。

（2）table 表示当前查询的表名称。

（3）type 表示本数据表与其他表的关联关系，取值有 system、const、eq_ref、ref、range、index 和 ALL。

（4）possible_keys 表示在检索数据时可用到的索引。

（5）key 表示实际使用的索引。

（6）rows 表示查询时实际从数据表中读取的行数。

图 6-4 展示了在将登录名字段加入索引后，查询语句的执行计划。从图中可以看出，本次查询使用了 idx_user_login_name 索引。

```
mysql> explain select * from user where login_name='zhangs' \G;
*************************** 1. row ***************************
           id: 1
  select_type: SIMPLE
        table: user
   partitions: NULL
         type: const
possible_keys: idx_user_login_name
          key: idx_user_login_name
      key_len: 82
          ref: const
         rows: 1
     filtered: 100.00
        Extra: NULL
1 row in set, 1 warning (0.01 sec)
```

图 6-4　加入索引后 SQL 查询的执行计划

为现有表创建索引，还可以使用 ALTER TABLE 语句，语法为：

```
ALTER TABLE 表名
ADD [UNIQUE | FULLTEXT | SPATIAL] INDEX 索引名称(字段列表)
```

【例】为用户表的登录名字段创建索引。

```
ALTER TABLE user
ADD INDEX idx_user_login_name (login_name)
```

使用 SHOW INDEX 语句可以查看表中的所有索引。

【例】查看用户（user）表中的索引。

```
SHOW INDEX FROM user
```

执行结果如图 6-5 所示。

```
mysql> show index from user \G;
*************************** 1. row ***************************
        Table: user
   Non_unique: 0
     Key_name: PRIMARY
 Seq_in_index: 1
  Column_name: user_id
    Collation: A
  Cardinality: 0
     Sub_part: NULL
       Packed: NULL
         Null:
   Index_type: BTREE
      Comment:
Index_comment:
      Visible: YES
   Expression: NULL
*************************** 2. row ***************************
        Table: user
```

图 6-5　查看用户表中的索引

三、删除索引

删除索引使用 DROP INDEX 语句，语法为：

```
ALTER TABLE 表名 DROP INDEX 索引名称
```

【例】删除用户（user）表中的索引 idx_user_login_name。

```
ALTER TABLE user DROP INDEX idx_user_login_name
```

删除索引的另一种写法为：

```
DROP INDEX 索引名称 ON 表名
```

当删除表中的某个字段时，若此字段加入了索引，则会从索引中自动删除；若组合索引中所有字段都被删除，则此组合索引自动被删除。

【任务实施】

通过学习索引相关理论和实践操作，相信你已经掌握了索引的作用及创建语法。索引的作用是提高检索效率，索引的创建应根据实际的业务需求、查询频率等因素进行。在实际工作中，创建高效的索引是重点。

根据商城系统的业务功能，在商城的前台使用频率较高的查询有：

- 查询所有商品一级分类。
- 根据一级分类查询所有二级分类。
- 根据商品分类、商品名称、价格查询商品信息。
- 根据商品名称、分类编号查询商品信息。
- 根据用户名、密码查询用户信息。
- 根据用户编号查询用户购物车。
- 根据用户编号查询用户订单。
- 根据订单编号查询订单信息。

任务：请根据上述查询，为数据表创建合适的索引。

要求在本地验证测试后，将创建索引的 SQL 语句填写至下方。

1. 为商品分类（goods_category）表中商品分类名称（goods_name）、上级分类编号（parent_id）字段分别创建索引（其中，商品名称为唯一索引）。

____

____

2. 为商品（goods）表中的商品名称（goods_name）、分类编号（category_id）创建组合索引。

____

____

3. 为商品（goods）表中用户编号（user_id）创建索引。

4. 为商品（goods）表中用户编号（user_id）和分类编号（category_id）创建组合索引。

5. 为用户（user）表中登录名（login_name）和密码（password_md5）创建组合索引。

6. 为用户（user）表中的手机号（mobile）字段创建唯一索引。

7. 为购物车（cart_item）表中用户编号（user_id）和商品编号（goods_id）字段创建唯一组合索引，并单独创建用户编号（user_id）字段索引。

【任务评价】

1. 自我评估与总结

（1）学习本任务，你掌握了哪些知识点？

（2）在学习本任务过程中，遇到了哪些困难？是如何解决？

（3）谈谈你的心得体会。

2. 课堂自我评价（表 6-1）

表 6-1　课堂自我评价

班级		姓名		填写日期	
#	项目	评价要点		权重	得分
1	课前预习	能够按要求完成课前预习。 能够仔细阅读教材资料并记录。 能够提出疑问并自主检索资料。 能够与同组同学进行讨论。		20	
2	课中任务学习	能够认真听讲并记录。 能够在听讲过程中提出疑问。 能够与同组同学讨论并提出自己的观点。 能够认真听讲并回答老师的提问。		20	
3	课中任务实施	能够仔细听讲并完成实施任务。 能够正确填写实施报告。 能够与同组同学互相讨论并帮助同组成员解决问题。		40	
4	职业素养	具备团队协作能力，能主动与同组同学进行问题讨论，并协调和帮助同组成员解决问题。 具备开源精神与思想，遵守开源相关规范。 具备爱国之心，具有社会主义主人翁意识。		20	

【任务拓展】

索引的设计原则

为了更有效地使用索引，必须在创建索引时考虑要创建哪些字段的索引和选择索引类型，以下是索引设计的参考原则。

（1）选择唯一性索引。

唯一性索引具有唯一性的值，这使得通过索引更容易确定记录。

例如，学生表中的学号是唯一性字段，为该字段建立唯一性索引可以快速确定一个学生的信息。如果使用名称，则可能有相同的名称，这会降低查询速度。

（2）为经常需要排序、分组和连接的字段创建索引。

查询中会经常使用 ORDER BY、GROUP BY、DISTINCT、UNION 等操作，特别是排序操作非常耗时。将排序字段进行索引，可以有效避免排序操作。

（3）为经常作为查询条件的字段创建索引。

如果某个字段被频繁用作查询条件，那么该字段的查询速度会影响整个表的查询速度。因此，对此类字段进行索引可以提高整个表的查询速度。

（4）限制索引数量。

索引的数量不是越多越好。每个索引都需要占用磁盘空间，索引越多，需要的磁盘空间就越大。修改表时，重建和更新索引会很麻烦。索引越多，更新表所需的时间就越多。

（5）尽量使用数据量小的索引。

如果索引的值很长，会影响查询的速度。例如全文检索 CHAR(100)类型字段会比检索 CHAR(10)类型字段花费更多的时间。

（6）尝试使用前缀进行索引。

如果索引字段的值很长，最好用值的前缀来索引。例如，用于全文检索的 TEXT 和 BLOB 类型的字段将会非常浪费时间。如果只检索字段的前几个字符，可以提高检索速度。

（7）删除不再使用或很少使用的索引。

表中数据大幅更新后，或者数据使用方式发生变化后，可能不再需要原来的索引。数据库管理员应该定期查找并删除这些索引，以减少索引对更新操作的影响。

（8）数据量比较小的表不需要创建索引，包含大量列且不需要搜索非空值时，可以考虑不创建索引。

任务二　理解特殊的虚拟表——视图

【任务目标】

1. 掌握视图的概念与特点。
2. 掌握视图的创建与删除方法。
3. 能够创建视图并正确应用。
4. 能够运用视图解决实际问题。

【任务描述】

权限是数据库管理中重要的内容，MySQL 内置了用户、角色和权限的概念，可以方便地实现以用户为主体的权限控制。MySQL 的权限可以控制指定用户访问特定数据库、特定表及表中的特定列，但无法控制到数据行。本任务所学习的“视图”知识点即可解决上述问题。

另外，在执行复杂查询（表连接、子查询等）时，由于 SQL 语句较长，每次编写过于烦琐，那么能否简化这一操作呢?

视图作为数据库中特殊的“表”，可以解决上述两类问题。

本任务要求创建视图，以简化商城网站在运营时的数据统计功能，包括：

①创建视图完成统计当月注册用户数。

②创建视图统计一级分类下的商品数量。

③创建视图统计当日销售商品信息。

学习完本任务，你能够：

①理解视图的作用与原理。

②掌握视图定义的语法和调用方式。

③正确运用视图解决数据库开发和管理时的问题。

【知识准备】

一、视图的概念

视图是一个“虚拟表”，其建立在一个或多个表之上。但视图并不真正存储数据，可以将视图理解为由查询结果构造出的虚拟表。图 6-6 展示了视图的特征。

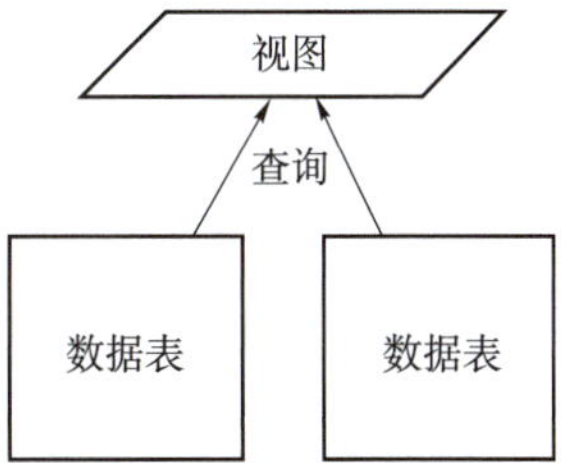

视图中并不存储数据，视图中的数据来自其他真正的数据表，因此，视图是“虚拟”的，被称为“虚拟表”。视图的本质是一段查询语句，由这段查询语句决定了视图中对应哪些数据。

图 6-6　视图的特征

虽然视图并不存储数据，但仍然可以通过视图对数据进行更新和删除，这些操作将直接反映到“原始的数据表”中。

视图的作用有：

（1）简化查询：将常用的查询操作创建为视图，之后就可以从视图中进行查询。

（2）对数据进行权限控制：通过为不同角色的用户创建视图，可以实现为不同用户提供不同的数据，从而实现对数据表、数据列的权限控制。

二、创建视图

创建视图的语法为：

```
CREATE
    [OR REPLACE]
    [ALGORITHM = {UNDEFINED | MERGE | TEMPTABLE}]
    [DEFINER = user]
    [SQL SECURITY { DEFINER | INVOKER }]
    VIEW view_name [(column_list)]
    AS select_statement
    [WITH [CASCADED | LOCAL] CHECK OPTION]
```

使用 CREATE VIEW 语句创建一个视图，如果指定了 OR REPLACE 子句，则替换现有的同名视图。如果视图不存在，则创建它。

select_statement 是一个 SELECT 语句，提供了视图的定义。select_statement 可以从现有数据表查询，也可以从其他视图中查询。

ALGORITHM 子句会影响 MySQL 处理视图的方式。DEFINER 和 SQL SECURITY 子句指定了在视图调用时检查访问权限时要使用的安全上下文。可以给出 WITH CHECK OPTION 子句来限制视图引用的表中行的插入或更新。

简化创建视图的语法可以写为：

```
CREATE [OR REPLACE] VIEW view_name AS select_statement
```

【例】创建视图 v_user_login，视图中数据为用户表中的登录名 login_name 和密码 password_md5 字段。

```
CREATE VIEW v_user_login
AS
SELECT login_name,password_md5 FROM user
```

创建完视图 v_user_login 后，可以使用 desc 命令查看视图“虚拟表”的结构，如图 6-7 所示。

```
mysql> desc v_user_login;
+--------------+-------------+------+-----+---------+-------+
| Field        | Type        | Null | Key | Default | Extra |
+--------------+-------------+------+-----+---------+-------+
| login_name   | varchar(20) | NO   |     | NULL    |       |
| password_md5 | varchar(64) | NO   |     | NULL    |       |
+--------------+-------------+------+-----+---------+-------+
2 rows in set (0.01 sec)
```

图 6-7　视图的结构演示

使用 show create view 语句可以查看视图对应的 SQL 语句，如图 6-8 所示。

```
mysql> show create view v_user_login \G;
*************************** 1. row ***************************
                View: v_user_login
         Create View: CREATE ALGORITHM=UNDEFINED DEFINER=`root`@`localhost`
SQL SECURITY DEFINER VIEW `v_user_login` AS select `user`.`login_name` AS `l
ogin_name`,`user`.`password_md5` AS `password_md5` from `user`
character_set_client: utf8mb4
collation_connection: utf8mb4_0900_ai_ci
1 row in set (0.00 sec)
```

图 6-8　查看视图对应的 SQL 语句

视图被看作“虚拟表”，因此，其也存储在数据库中，其地位与普通数据表是相同的。视图的名称不能与现有数据表的名称相同，通常视图的名称以 v_开头，以作为区分。

在此例中创建的 v_user_login 视图相当于对用户表 user 的“列筛选”，用户表中的数据会全部反映到视图中。因此，可以通过视图对用户表进行操作，但由于视图中只有两个字段，因此仅限于修改这两个字段。使用视图 v_user_login 对用户表进行数据操作，实现了对用户表“字段级别”的权限控制。

【例】创建视图 v_goods_cate，视图数据要求为商品表中分类编号为 10 的商品信息。

```
CREATE OR REPLACE VIEW v_goods_cate
AS
SELECT * FROM goods WHERE category_id=10
```

在此例中，视图 v_goods_cate 的数据从商品表中查询，对应了商品表中部分行。因此，使用视图 v_goods_cate 可以“反向”对商品表中的数据执行更新和删除操作。

【例】基于视图 v_goods_cate 更新商品编号为 1 的商品销售价格为 100。

```
UPDATE v_goods_cate
SET sell_price=100
WHERE goods_id=1
```

由于视图 v_goods_cate 只能“看到”商品表中分类编号为 10 的商品信息，因此，如果 goods_id=1 的商品存在，并且分类编号也为 10，则更新成功（返回 1 行受影响）；如果编号为 1 的商品分类编号不是 10，则更新失败（返回 0 行受影响）。

如果视图创建时对应的 SQL 中包含分组、聚合等操作，则视图只能用于查询，不能在视图上进行数据更新。因为这类视图中的数据不能“反向”对应到数据表中的数据行。

【例】创建视图 v_user_orders 用于统计每个用户的订单数量，显示用户编号、登录名和订单数量。

```
CREATE VIEW v_user_orders
AS
SELECT user_id , min(user_name) , count( * ) FROM orders GROUP BY  user_id;
```

在此例中，查询语句使用了分组和聚合操作，因此，若在此视图中进行更新，MySQL 会返回错误，如图 6-9 所示。

```
mysql> update v_user_orders set user_name='abc';
ERROR 1288 (HY000): The target table v_user_orders of the UPDATE is not updatable
mysql> delete from v_user_orders;
ERROR 1288 (HY000): The target table v_user_orders of the DELETE is not updatable
mysql> ▌
```

图 6-9　基于视图进行数据更新的错误提示

三、修改视图

视图的本质是查询语句，因此，仍然可以采用创建视图的语法结构来修改视图，即使用 CREATE OR REPLACE VIEW 结构，在执行时，若指定的视图已经存在，则会重新创建并覆盖。

【例】修改视图 v_user_orders。

```
CREATE OR REPLACE VIEW v_user_orders
AS
SELECT user_id , min(user_name)  as user_name, count( * ) as cnt
FROM orders GROUP BY  user_id;
```

MySQL 也提供了 ALTER VIEW 语句来修改视图定义，语法为：

```
ALTER VIEW view_name
AS select_statement
```

其语法与创建视图的语法相同，不再举例阐述。

四、删除视图

删除视图的语法为：

```
DROP VIEW [IF EXISTS]
    view_name [, view_name] …
    [RESTRICT | CASCADE]
```

语法中 IF EXISTS 用于判断视图是否存在，若不存在，则不执行后续操作。view_name 表示视图名称，可以添加多个视图。CASCADE 表示将自动删除依赖于该视图的对象（例如其他视图）。RESTRICT 则限制如果有任何对象依赖于该视图，则拒绝删除，其是默认值。

【例】删除视图 v_user_orders。

```
DROP VIEW v_user_orders
```

【任务实施】

任务：根据题目要求编写 SQL 语句。

请将所编写的语句在本地验证后填写至下方。题目中所涉及的表为用户表、商品分类表、商品表、订单表和订单明细表。以上数据表的定义请查阅项目三相应内容。

1. 创建视图 v_user_month，用于查询所有当月注册的用户信息。

____

____

____

提示：

（1）用户（user）表中的 create_time 字段即表示注册时间。

（2）使用 date_format 函数可以取出指定日期时间字段中的年份和月份，例如，date_format(now( ) ,' %Y-%m')。

2. 创建视图 v_category_top，查询出所有“一级”商品分类信息。

____

____

____

3. 创建视图 v_goods_sale，查询出当日所销售的商品信息。

____

____

____

提示

当日销售的商品指在订单明细（order_item）表中存在的商品，可使用子查询完成筛选。

4. 创建视图 v_goods_stat，查询统计当月已销售商品的数量，输出字段为商品编号、商品名称和商品数量。

____

____

____

提示

商品的销售信息可从订单明细（order_item）表中查询，表中 create_time 字段即为订单创建时间。

5. 创建视图 v_order_month，查询出当日的订单信息。

____

____

____

6. 创建视图 v_order_day_amount，查询统计当日的订单总额。

____

____

____

提示

从订单（orders）表中根据字段 create_time 筛选出当日字段，并对订单总额字段 total_price 求和。

【任务评价】

1. 自我评估与总结

（1）学习本任务，你掌握了哪些知识点？

（2）在学习本任务过程中，遇到了哪些困难？是如何解决？

（3）谈谈你的心得体会。

2. 课堂自我评价（表 6-2）

表 6-2　课堂自我评价

班级		姓名		填写日期	
#	项目	评价要点		权重	得分
1	课前预习	能够按要求完成课前预习。 能够仔细阅读教材资料并记录。 能够提出疑问并自主检索资料。 能够与同组同学进行讨论。		20	
2	课中任务学习	能够认真听讲并记录。 能够在听讲过程中提出疑问。 能够与同组同学讨论并提出自己的观点。 能够认真听讲并回答老师的提问。		20	
3	课中任务实施	能够仔细听讲并完成实施任务。 能够正确填写实施报告。 能够与同组同学互相讨论并帮助同组成员解决问题。		40	
4	职业素养	具备团队协作能力，能主动与同组同学进行问题讨论，并协调和帮助同组成员解决问题。 具备开源精神与思想，遵守开源相关规范。 具备爱国之心，具有社会主义主人翁意识。		20	

【任务拓展】

视图与表的区别与联系

在执行查询时，可以基于表或视图查询，有些视图还可以“反向”执行数据修改和删除操作。视图和表是紧密联系、本质不同的两个概念。

1. 视图与表的联系

（1）视图是建立在表之上的，视图所表示的结构和数据来自数据表。表中的数据发生变动，视图中的数据也会自动更新。

（2）一个视图可以对应多张表，相当于视图是多张表数据的“连接或聚合”。

（3）视图与表都是数据库层面的概念，两者都可以理解为数据库中的数据对象。这一特征与索引不同，索引是建立在表之上的，每张表都可以定义多个索引。

2. 视图与表的区别

（1）表是真正存储数据的地方，可以理解为是关系型数据库存储数据的基本单位；视图代表一段SQL语句，并不存储数据，不占用存储空间。

（2）视图可理解为数据的窗口，表则是数据的存储空间。

（3）创建和删除视图不影响数据表的结构和表中的数据。

（4）视图可以用于向调用者隐藏真实的数据表，实现数据库“字段级别”的权限控制。

任务三 编写触发器完成自动化操作

【任务目标】

1. 掌握触发器的概念与分类。
2. 掌握触发器创建的语法。
3. 能够阐述触发器的特征与分类。
4. 能够创建触发器并应用其解决实际问题。

【任务描述】

触发器是基于事件自动执行的数据对象，触发器的本质是存储在数据库内的 SQL 语句。因此，触发器的执行效率要高于来自客户端发送的 SQL。

本任务的知识点包括学习触发器的概念与作用、触发器的分类和触发器的创建与管理。

本任务需要根据在线商城网站的业务操作，创建多个触发器来完成数据统计和更新操作。

学习完本任务，你能够：

①理解触发器的原理。

②理解触发器的分类。

③掌握触发器的创建语法。

④能够在数据库日常开发和管理中合理、正确地使用触发器。

【知识准备】

一、触发器的概念

触发器是数据库中的对象，其对应一组 SQL 语句，这些语句存储在数据库中，当数据库中执行更新操作时，会被自动执行。

触发器的执行是由事件决定的，在定义触发器时，需要指定触发操作（INSERT、UPDATE、DELETE）和触发时机（BEFORE、AFTER）。如果数据库出现指定操作，触发器将会自动激活。

二、触发器的类型

触发器能够在发生插入 INSERT、更新 UPDATE、删除 DELETE 操作时引发，并且可设置在操作之前或之后执行。

触发器的类型可以分为以下 6 种：

（1）AFTER INSERT，插入后执行触发器。

（2）AFTER UPDATE，更新后执行触发器。

（3）AFTER DELETE，删除后执行触发器。

（4）BEFORE INSERT，插入前执行触发器。

（5）BEFORE UPDATE，更新前执行触发器。

（6）BEFORE DELETE，删除前执行触发器。

三、创建触发器

创建触发器的语法是：

```
CREATE TRIGGER trigger_name
    trigger_time trigger_event
    ON tbl_name FOR EACH ROW
    [trigger_order]
    trigger_body
```

语法中各部分的含义如下：

- trigger_time 表示触发时机，取值为 BEFORE 或 AFTER。
- trigger_event 表示触发事件，取值为 INSERT、UPDATE、DELETE。
- ON tbl_name FOR EACH ROW 表示在哪张表上创建触发器，FOR EACH ROW 表明每行数据发生变更时都会激活触发器。
- trigger_order 用于指定当表中存在多个具有相同触发机制的触发器时，这些触发器的执行顺序，取值为 FOLLOWS、PRECEDES。
- trigger_body 表示触发器主体，即执行的 SQL 语句，若语句为多行，应使用 BEGIN…END 结构包围起来。

【例】为用户（user）表创建触发器，实现当更新用户信息时，自动将 update_time 字段设置为当前时间。

```
CREATE TRIGGER user_update_time
BEFORE UPDATE
ON user FOR EACH ROW
SET NEW.update_time = CURRENT_TIMESTAMP
```

本例中创建了“更新前触发器”，以实现在执行 UPDATE 之前设置“新”数据行的 update_time 字段为当前时间。

MySQL 提供了 OLD 和 NEW 两个关键字（注意：单词字母全大写）表示更新操作前、后的数据。具体使用方式为：

（1）OLD 关键字：在 UPDATE 或 DELETE 操作中，OLD 关键字用于引用触发器执行之前的旧值。在 INSERT 操作中，由于没有旧值，所以 OLD 不适用于 INSERT 操作。

（2）NEW 关键字：在 UPDATE 或 INSERT 操作中，NEW 关键字用于引用触发器执行之后的新值。在 DELETE 操作中，由于没有新值，所以 NEW 不适用于 DELETE 操作。

四、触发器的应用

（1）当向商品表插入新数据时，自动将商品分类表中分类对应的“商品数量”累加 1。

分析：虽然本例的目标是更新商品分类表的商品数量字段，但激活触发器的事件是向商品表插入数据，因此，触发器应创建在商品表中，并且必须在商品插入后才能更新商品数量，因此应在 AFTER INSERT 激活。

创建触发器的语句为：

```
CREATE TRIGGER update_goods_count
AFTER INSERT
ON goods FOR EACH ROW
UPDATE goods_category SET goods_count = goods_count + 1
WHERE category_id = NEW.category_id
```

触发器 update_goods_count 会在向 goods 表插入数据后，执行 UPDATE 语句，根据新增商品的分类编号更新分类表中的商品数量。

（2）为商品表创建触发器，实现当商品表中删除商品时，同步更新商品分类表中的商品数量。

分析：本例中触发器的引发事件是商品删除后，因此触发器的类型与时机是 AFTER DELETE。代码如下：

```
CREATE TRIGGER update_goods_count_2
AFTER DELETE
ON goods FOR EACH ROW
UPDATE goods_category SET goods_count = goods_count - 1
WHERE category_id = OLD.category_id
```

（3）用户表中存储了登录密码，密码采用了 MD5（原始密码+盐）的加密方式。加盐是为了保证数据库中密码的唯一性，盐是随机生成的 6 位数字。通过加盐机制，即使出现了 2 个用户原始密码相同，但在数据表中存储的加密字符串是不同的。另外，通过加盐机制也提高了密码破解的难度。

编写触发器 update_user_password，在用户信息插入前，随机生成 6 位数字，并采用 MD5（原始密码+盐）方式设置密码字段 password_md5。

```
CREATE TRIGGER update_user_password
BEFORE INSERT
ON user FOR EACH ROW
BEGIN
SET @ salt=(SELECT floor(100000 + rand() * (1000000 - 100000) ) );
SET NEW.md5_ salt=@ salt,
    NEW.password_ md5=md5 (concat (NEW.password_ md5, @ salt) );
END
```

本例中语句包含 2 行，因此必须使用 BEGIN…END 结构。

• 语句 SET @ salt = (SELECT floor(100000 + rand( ) * (1000000 - 100000))) 定义了一个变量 salt（符号@ 表明其为变量），并使用 rand( ) 函数生成了 6 位随机数赋值给变量 salt。

• 语句 SET NEW. md5_salt = @ salt 实现将生成的 6 位随机数赋给字段 md5_salt。

• 语句 NEW. password_md5 = md5(concat(NEW. password_md5, @ salt)) 实现将 salt 变量与新插入行中 password_md5 字段拼接后，进行 md5 加密，再将加密后的字符赋给 password_md5 字段。

思考：在用户更新密码时，也需要按照上述步骤实现密码的加盐和加密，触发器应如何编写？

【任务实施】

任务：根据题目要求创建触发器并测试。

下述各题使用的数据表为收货地址表、商品表、商品分类表、订单明细表等。具体表结构请查阅项目三相关内容。

1. 创建触发器 address_update_time，实现当更新时自动设置此字段为当前时间。

____

____

____

提示

用户收货地址（user_address）表中 update_time 字段用于记录数据最后更新时间。

2. 创建触发器 update_goods_count_ondelete，实现当商品被删除时，更新商品分类表中对应分类的商品数量减 1。

____

____

____

3. 创建触发器 update_order_item，实现当更新订单明细（order_item）表中商品数量（goods_count）时，同步更新订单（orders）表中此订单的总金额（total_price）。

____

____

____

4. 创建触发器 goods_category_delete，实现当分类被删除时，同步将其下商品下线（设置 is_deleted 字段值为 1）。

____

____

____

【任务拓展】

触发器是把“双刃剑”

触发器可以在数据表执行 INSERT、UPDATE、DELETE 时“自动同步”完成一些额外操作，并且可以设置在之前或之后进行。这些是触发器的优势。但触发器所产生的这些“隐蔽”操作有时也会带来一些问题，导到触发器不能按预想方式执行。

使用触发器应注意以下几项：

（1）触发器是基于数据行触发激活的。当数据表中多行数据发生了更新变动时，将会激活多次触发器。因此，当数据集较大时，触发器的执行效率会降低。

（2）触发器设计不当，将会导致数据库性能问题。触发器通常用于当某一张数据变动时，同步更新其他数据表的数据。这里产生了关联操作问题，例如，更新表 A 数据，关联表 A 的触发器自动更新了表 B，关联表 B 的触发器自动更新了表 C。这种产生的关联操作将会引发为原本两倍或三倍的更新操作，从而引发性能问题。

（3）项目中若使用的触发器较多，会导致出现问题时不方便定位，不好调试。

（4）若一张表创建了多个触发器，特别是具有相同触发类型和时机的触发器，会导致数据可能出现更新错乱。

【任务评价】

1. 自我评估与总结

（1）学习本任务，你掌握了哪些知识点？

____

____

____

____

（2）在学习本任务过程中，遇到了哪些困难？是如何解决的？

____

____

____

____

（3）谈谈你的心得体会。

____

____

____

____

2. 课堂自我评价（表 6-3）

表 6-3　课堂自我评价

<table>
<tr><td>班级</td><td colspan="2"></td><td>姓名</td><td></td><td>填写日期</td><td colspan="2"></td></tr>
<tr><td>#</td><td>项目</td><td colspan="4">评价要点</td><td>权重</td><td>得分</td></tr>
<tr><td>1</td><td>课前预习</td><td colspan="4">能够按要求完成课前预习。
能够仔细阅读教材资料并记录。
能够提出疑问并自主检索资料。
能够与同组同学进行讨论。</td><td>20</td><td></td></tr>
<tr><td>2</td><td>课中任务学习</td><td colspan="4">能够认真听讲并记录。
能够在听讲过程中提出疑问。
能够与同组同学讨论并提出自己的观点。
能够认真听讲并回答老师的提问。</td><td>20</td><td></td></tr>
<tr><td>3</td><td>课中任务实施</td><td colspan="4">能够仔细听讲并完成实施任务。
能够正确填写实施报告。
能够与同组同学互相讨论并帮助同组成员解决问题。</td><td>40</td><td></td></tr>
<tr><td>4</td><td>职业素养</td><td colspan="4">具备团队协作能力，能主动与同组同学进行问题讨论，并协调和帮助同组成员解决问题。
具备开源精神与思想，遵守开源相关规范。
具备爱国之心，具有社会主义主人翁意识。</td><td>20</td><td></td></tr>
</table>

任务四 使用存储过程与函数实现高效数据处理

【任务目标】

1. 掌握存储过程的概念。
2. 掌握存储函数的概念。
3. 掌握存储过程的创建与调用语法。
4. 掌握存储函数的创建与调用语法。
5. 能够正确运用存储过程和函数解决实际问题。

【任务描述】

数据库在使用过程中，若需要进行复杂数据统计，通常会将 SQL 语句保存在数据库中作为数据库对象，这样在需要执行 SQL 语句时只需要调用这个数据库对象即可，这种数据库对象称为存储过程。因此，存储过程就是存储在数据库中的“经过预编译处理的”SQL 语句。

本任务要求编写存储过程和函数完成在线商城网站在运营中所需的各类统计数据的汇总计算，具体包括：

①编写存储过程，统计当日新增用户数。

②编写存储过程，统计当月用户的订单量和订单总额。

③编写存储过程，统计当月各分类下商品的订单数量和订单总额。

④编写存储函数，根据用户编号统计当月的订单总数量。

⑤编写存储函数，根据给定的商品编号查询当月的订单总数量。

【知识准备】

一、存储过程

存储过程是保存在数据库内部的命名的 SQL 语句。存储过程用于完成某个特定功能，可以接收参数，但没有返回值。

存储过程被预编译保存在数据库中，因此，其执行效率非常高，可以用于进行批量数据处理和复杂数据统计场景中。

二、存储过程的创建与调用

创建存储过程的语法是：

```
CREATE PROCEDURE sp_name([parameters])
[NOT] DETERMINISTIC
BEGIN
   procedure_body
END
```

语法各部分含义如下：

- sp_name 表示存储过程名称，存储过程名称通常以 sp_开头。
- parameters 表示可选的参数。过程参数可以是以下三种：
  - ➢ IN 输入参数，表示向过程传入值（传入值可以是字面量或变量）。
  - ➢ OUT 输出参数，表示过程向外部返回值（可以返回多个值）（传出值只能是变量）。
  - ➢ INOUT 输入输出参数，表示既可以向过程传入值，又可以向外部传出值。
- ［NOT］DETERMINISTIC 表示存储过程的结果是否具有“确定性”。确定性理解为：向存储过程中传入相同的参数，会返回相同的输出。通常定义的存储过程应该具有确定性。
- procedure_body 表示存储过程的主体，即为 SQL 语句。

调用存储过程的语法为：

```
CALL sp_name([parameter])
```

其中，sp_name 为调用的过程名；parameter 为调用时的参数。

【例】创建包含两个参数的过程 sp_demo，参数分别为 IN、OUT 类型。

```
CREATE PROCEDURE sp_demo(IN pin INT,OUT pout INT)
DETERMINISTIC
BEGIN
    SET pin = 2;
    SELECT pin;
    SET pout = 2;
    SELECT pout;
END;
```

上述代码中，在过程内部分别修改了参数 pin 和 pout 的值，并输出。

定义 2 个变量调用 sp_demo，并在调用后查看，如图 6-10 所示。

```
SET @ pin = 1, @ pout = 2;
CALL sp_demo(@ pin,@ pout);
Select @ pin , @ pout;
```

```
mysql> set @pin =1, @pout = 1;
Query OK, 0 rows affected (0.00 sec)

mysql> call sp_demo(@pin , @pout);
+------+
| pin  |
+------+
|    2 |
+------+
1 row in set (0.00 sec)

+------+
| pout |
+------+
|    2 |
+------+
1 row in set (0.00 sec)

Query OK, 0 rows affected (0.00 sec)

mysql> select @pin , @pout;
+------+-------+
| @pin | @pout |
+------+-------+
|    1 |     2 |
+------+-------+
1 row in set (0.00 sec)
```

图 6-10 存储过程不同类型参数调用结果演示

上述调用代码中，SET @pin = 1 语句用于定义变量，名称为 pin。通过测试结果可以看出，IN 参数在过程调用后仍然是原始值，OUT 参数则保留了过程内部的修改。

【例】创建存储过程 sp_dayadd，实现计算当前日期累加指定天数后的日期。

```
CREATE PROCEDURE sp_dayadd(IN days int)
DETERMINISTIC
BEGIN
SELECTDATE_FORMAT(DATE_ADD(now(),INTERVAL days DAY) ,'%Y-%m-%d');
END
```

过程 sp_dayadd 定义了 1 个 IN 参数，用于向过程内部传递天数。

调用过程 sp_dayadd 的语句及结果如图 6-11 所示。

```
mysql> CALL sp_dayadd(7);
+------------------------------------------------------+
| DATE_FORMAT( DATE_ADD(now(),INTERVAL days DAY) , '%Y-%m-%d') |
+------------------------------------------------------+
| 2022-04-25                                           |
+------------------------------------------------------+
1 row in set (0.01 sec)

Query OK, 0 rows affected (0.01 sec)
```

图 6-11　调用过程语句及结果

三、删除存储过程

删除存储过程语法为：

```
DROP PROCEDURE 存储过程名;
```

四、存储函数

1. 存储函数的概念

存储函数与存储过程类似，都是存储在数据库内部的 SQL 语句，当存储函数定义完成后，即被预编译保存在数据库中。

存储函数可以给调用者返回值，因此，可以用在查询 SQL 或表达式中，其不仅可以封装一些业务操作，还可以将操作结果返回。

例如，select @cur_time = now()的作用为调用 now()函数，并将返回结果赋给变量 cur_time。

2. 存储函数的创建与调用

创建存储函数的语法为：

```
CREATE FUNCTION function_name([parameter])
RETURNS type
[NOT] DETERMINISTIC
BEGIN
  function_body
  RETURN val
END
```

- function_name 表示函数名。
- parameter 表示函数的参数，参数定义格式为（参数名 类型）。
- RETURNS type 表示函数的返回值类型。
- ［NOT］DETERMINISTIC 表示函数的返回结果是否具有确定性，含义与存储过程相同。
- function_body 表示函数的主体，即执行的 SQL 语句。

【例】定义函数 func_dayadd，实现计算当前日期累加指定天数后的日期。

```
1  CREATE FUNCTION func_dayadd(days INT) RETURNS DATE
2  DETERMINISTIC
3  BEGIN
4  DECLARE result DATE;
5  SELECT DATE_FORMAT(DATE_ADD(now(), INTERVAL days DAY), '%Y-%m-%d')
INTO result ;
6  RETURN result ;
7  END
```

上述代码详细解释如下：

- 第 1 行为定义函数的关键字 CREATE FUNCTION，函数名称为 func_dayadd，参数名为 days，类型为整数。RETURNS DATE 表明函数返回类型为日期。
- 第 2 行 DETERMINISTIC 表明函数结果具有确定性，即相同的参数输入会返回相同的结果。
- 第 4 行 DECLARE result DATE 语句的作用是定义变量，名称为 result，类型为 DATE。定义变量的目的是保存返回值。
- 第 5 行 SELECT 语句的作用是计算日期值，此行使用了 SELECT…INTO 结构，可将 SELECT 后的查询结果赋给变量 result。
- 第 6 行用于返回值。

3. 删除存储函数

删除存储函数的语法为：

```
DROP FUNCTION 存储过程名;
```

【任务实施】

报表统计模块是一个软件项目中重要的组成部分。管理层通过阅读统计报表可以快速掌握公司日常运行状况和做出决策。

开发报表功能的基础是先进行数据统计，通常会按日、月、年逐级进行，并且根据数据不同进行分类统计。

以本教材所述在线商城为例，常见统计有：

- 每日新增用户数
- 每日新增订单数和总金额
- 每日各商品分类下新增订单数和总金额

- 每日各商品分类下销售量最高的前 N 件商品
- …

数据统计通常会涉及多张数据表，在编写 SQL 语句时，会使用分组聚合统计、连接查询等，并且对于复杂报表，还需要在 SQL 中使用 IF-ELSE 条件判断、WHILE 循环和 CURSOR 游标遍历等语句。

编写存储过程和存储函数可以高效地完成此类数据处理。存储过程和函数都是将 SQL 预先编译保存在数据库中，实现了 SQL 高效执行。

图 6-12 展示了数据表 stat_user_reg_day 的结构，此表用于保存每日新增注册用户数。

```
mysql> desc stat_user_reg_day;
+----------------+-------------+------+-----+---------+----------------+
| Field          | Type        | Null | Key | Default | Extra          |
+----------------+-------------+------+-----+---------+----------------+
| id             | bigint      | NO   | PRI | NULL    | auto_increment |
| day            | varchar(11) | NO   |     | NULL    |                |
| new_user_count | int         | NO   |     | 0       |                |
+----------------+-------------+------+-----+---------+----------------+
```

图 6-12　数据表 stat_user_reg_day 的结构

表 stat_user_reg_day 的建表 SQL 语句为：

```
CREATE TABLE `stat_user_reg_day`(
  `id`bigint NOT NULL AUTO_INCREMENT,
  `day`varchar(11) NOT NULL COMMENT '日期',
  `new_user_count`int NOT NULL DEFAULT '0' COMMENT '新增用户数',
  PRIMARY KEY (`id`)
) ENGINE=InnoDB
```

图 6-13 展示了数据表 stat_user_order_month 的结构，此表用于按月统计用户的订单数和订单总金额。

```
mysql> desc stat_user_order_month;
+--------------+---------------+------+-----+---------+----------------+
| Field        | Type          | Null | Key | Default | Extra          |
+--------------+---------------+------+-----+---------+----------------+
| id           | bigint        | NO   | PRI | NULL    | auto_increment |
| month        | varchar(10)   | NO   |     | NULL    |                |
| user_id      | bigint        | NO   |     | NULL    |                |
| total_price  | decimal(10,2) | NO   |     | NULL    |                |
| orders_count | int           | NO   |     | NULL    |                |
+--------------+---------------+------+-----+---------+----------------+
```

图 6-13　数据表 stat_user_order_month 的结构

表 stat_user_order_month 的建表 SQL 语句为：

```
CREATE TABLE `stat_user_order_month`(
  `id`bigint NOT NULL AUTO_INCREMENT,xw
  `month`varchar(10) NOT NULL COMMENT '月份',
  `user_id`bigint NOT NULL COMMENT '用户编号',
  `total_price`decimal(10,2) NOT NULL COMMENT '总金额',
  `orders_count`int NOT NULL COMMENT '订单总额',
  PRIMARY KEY (`id`)
) ENGINE=InnoDB
```

图 6-14 展示了数据表 stat_goods_sale_month 的结构，此表用于保存每个商品分类每月的订单总量和总金额。

```
mysql> desc stat_goods_sale_month;
+-------------+---------------+------+-----+---------+----------------+
| Field       | Type          | Null | Key | Default | Extra          |
+-------------+---------------+------+-----+---------+----------------+
| id          | bigint        | NO   | PRI | NULL    | auto_increment |
| month       | varchar(10)   | NO   |     | NULL    |                |
| category_id | bigint        | NO   |     | NULL    |                |
| total_count | bigint        | NO   |     | NULL    |                |
| total_price | decimal(10,2) | NO   |     | NULL    |                |
+-------------+---------------+------+-----+---------+----------------+
```

图 6-14　数据表 stat_goods_sale_month 的结构

表 stat_goods_sale_month 的建表 SQL 语句为：

```
CREATE TABLE `stat_goods_sale_month`(
  `id`bigint NOT NULL AUTO_INCREMENT,
  `month`varchar(10) NOT NULL COMMENT '月份',
  `category_id`bigint NOT NULL COMMENT '分类编号',
  `total_count`bigint NOT NULL COMMENT '订单量',
  `total_price`decimal(10,2) NOT NULL COMMENT '总金额',
  PRIMARY KEY (`id`)
) ENGINE=InnoDB
```

请根据以下题目要求编写存储过程与函数，完成相应数据统计功能，将 SQL 语句在本地验证后填写至下方。

1. 编写存储过程 sp_user_reg_day，实现统计当日新增用户数，并将统计数据插入 stat_user_reg_day 表。

____

____

____

____

2. 编写存储过程 sp_user_order_month，实现统计当月用户的订单量和订单总额，并将统计结果插入 stat_user_order_month 表。

____

____

____

____

3. 编写存储过程 sp_goods_sale_month，实现统计当月各分类下商品的订单数量和订单总额，并将结果保存到 stat_goods_sale_month 表中。

____

____

____

____

4. 编写存储函数 get_user_order，实现能够根据用户编号统计当月的订单总数量。提示：可以从现有的统计表中查询。

5. 编写存储函数 get_goods_month，根据给定的商品编号查询当月的订单总数量。

【任务评价】

1. 自我评估与总结

（1）学习本任务，你掌握了哪些知识点？

（2）在学习本任务过程中，遇到了哪些困难？是如何解决的？

（3）谈谈你的心得体会。

2. 课堂自我评价（表 6-4）

表 6-4　课堂自我评价

班级		姓名		填写日期	
#	项目	评价要点		权重	得分
1	课前预习	能够按要求完成课前预习。 能够仔细阅读教材资料并记录。 能够提出疑问并自主检索资料。 能够与同组同学进行讨论。		20	

续表

2	课中任务学习	能够认真听讲并记录。 能够在听讲过程中提出疑问。 能够与同组同学讨论并提出自己的观点。 能够认真听讲并回答老师的提问。	20	
3	课中任务实施	能够仔细听讲并完成实施任务。 能够正确填写实施报告。 能够与同组同学互相讨论并帮助同组成员解决问题。	40	
4	职业素养	具备团队协作能力，能主动与同组同学进行问题讨论，并协调和帮助同组成员解决问题。 具备开源精神与思想，遵守开源相关规范。 具备爱国之心，具有社会主义主人翁意识。	20